知味

插图典藏本

养小录

【清】顾仲 著
左丽 校注

北方联合出版传媒（集团）股份有限公司
万卷出版公司

目录

Contents

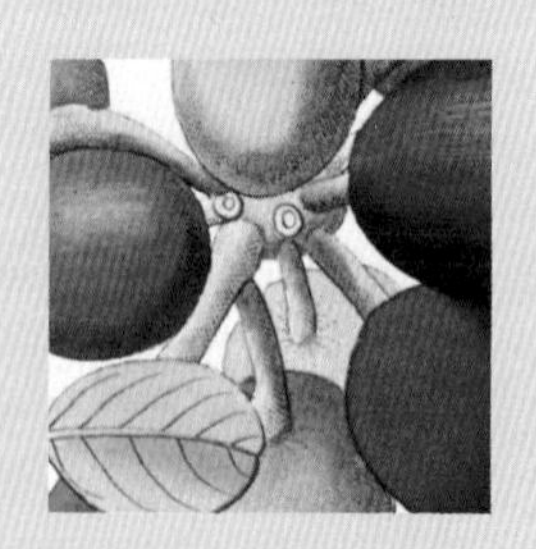

序

饮食以卫生[①]也，粗率无法[②]，或致损人，诚[③]失于讲求[④]耳。苟[⑤]讲求矣，专工[⑥]滋味，不审利害[⑦]，如吴人丁骘[⑧]，因食河豚死，而好味者[⑨]必谓[⑩]其中风，非因食鱼，可笑也。穷极[⑪]口腹，反觉多累。如穆宁[⑫]，饱啖珍羞[⑬]，而犹杖责[⑭]其子，罪其迟供，尤可鄙也。战国四公子[⑮]，相尚好客[⑯]，而孟尝下客[⑰]止食菜。苟一往奢侈，何所穷极。苏易简[⑱]对太宗[⑲]，谓物无定味，适口者珍[⑳]。夜饮吻燥[㉑]，咀齑[㉒]数根，以为仙味。东坡煮菜羹醒酒，以为味含上膏[㉓]、气饱霜露，虽粱肉[㉔]勿过。山谷[㉕]作《食时五观》，倪正父极叹其深切[㉖]。

此数公[㉗]者，岂未尝阅历滋味，而宝真示朴[㉘]，以警侈欲[㉙]，良有以也[㉚]。且烹饪燔炙[㉛]，毕聚辛酸[㉜]，已失本然之味[33]矣，本然者淡也，淡则真[34]，昔人[35]偶断肴羞食淡饭曰：今日方知其味，向者[36]几为舌本[37]所瞒。然则日食万钱，犹曰无下筯处者，非不足也，亦非味劣也，汩没[38]于五味，而舌本已无主也。齐世祖就侍中虞悰，求诸饮食方，虞秘不出，殆[39]亦防人主之侈欲。及上醉，乃献醒酒鲭鲊一方。或亦寓讽谏[40]之旨乎。

阅《食宪》者，首戒宰割，勿多戕物命，次戒奢费，勿暴殄天物[41]，偶遇物品，按谱依法可耳，勿因谱试法以逞欲[42]。以洁为务，以卫生为本，庶[43]不失[44]编是书者之意乎。且口腹之外，尚有事在，何至沈湎[45]于饮食中也。谚云：三世作官，才晓著衣吃饭[46]，岂徒以侈富[47]哉，谓其中节[48]合宜也，孔子食不厌精，脍不厌细[49]，不厌云尔，何所庸心焉。

海宁杨宫建题。

【注释】

①卫生：卫，护卫；生，生命。卫生即养生，护卫生命之意。《庄子·庚桑楚》："南荣趎曰：趎愿闻卫生之经而已矣。"

②粗率无法：粗略草率，不讲求章法（方法）。

③诚：的确，实在。

④讲求：讲究，重视。

⑤苟：如果，假使。

⑥工：此处同“攻”意。研究。

⑦利害：利弊，好处和害处。

⑧丁骘：字公点，宋武进（今江苏常州）人。嘉祐二年（1057）进士，长于《易》《春秋》，为文自成一家。元佑九年，卒于官舍。《吴邑志》卷十四引苏子由文，说丁骘食河豚中毒而死。

⑨好味者：喜欢美味的人。

⑩必谓：确定无疑地说。

⑪穷极：追求到了极点。

⑫穆宁：唐怀州河内人。极究饮食。李济翁《资暇录》记载，为了吃到美味，他命令儿子们轮流为他准备奇珍异味，稍有不如意，就责打他的儿子。有一次，他的儿子为他送来熊脂、鹿干肉，他吃得很高兴，但又说，有这样的美味为什么迟迟到今天才送来？为此，又把儿子打了一顿。

⑬饱啖珍羞：羞，同“馐”；珍羞，珍奇美味的食物。饱啖珍羞指吃够了珍奇贵重的食物。

⑭杖责：用棍棒责罚。《宋史·理宗纪二》："州县官有罪，诸帅司毋辄加杖责。"

⑮战国四公子：指齐国的孟尝君，魏国的信陵君，楚国的春申君，赵国的平原君。

⑯相尚好客：尚，崇尚，时尚。相尚好客指竞相以豢养门客为时尚。

⑰下客：下等宾客。《战国策·齐策》载，孟尝君的门客分为上、中、下三等。他们吃的不同，住的也不同。上等客人吃肉住代舍，中等客人吃鱼住幸舍，下等客人只能吃到蔬菜，住传舍。

⑱苏易简：宋官员。四川人，少年聪颖好学，风度奇秀，才思敏捷。太平兴国五年（980）举进士时，太宗留心儒术，责考生皆临轩复试，易简洋洋三千余言，一挥而就。太宗览毕，甚为赞赏，曰："君臣千载遇"，擢为甲科第一，遂以文章名扬天下。时年仅二十二岁。

⑲太宗：指宋太宗。

⑳物无定味，适口者珍：食物味道好坏的判断不是一定的，适合自己口味的就是珍贵的，就是美味。典出《宋稗类钞·饮食》：宋太宗请苏易简给他讲《食经》，问世上的食物

何为美味？易简回答说，物无定味，适口者珍。

㉑吻燥：口干舌燥。吻，嘴唇。

㉒齑：切碎的菜。

㉓上膏：上等的肥肉。膏，肥肉。

㉔梁肉：当作“粱肉”，指精美的饭食。

㉕山谷：北宋著名诗人黄庭坚。字鲁直，号山谷道人。他曾作《食时五观》，旨在论“饮食之教”，因论及五点意见，故名“五观”，是供“士君子”参考的短文。

㉖深切：深入透彻。三国时魏国曹冏《六代论》：“其言深切，多所称引。”

㉗数公：指前文提到的孟尝君、苏易简、苏东坡、黄山谷等人。

㉘宝真示朴：珍视食物的真味，示现质朴的本质。

㉙以警侈欲：以此警诫过度的欲望。

㉚良有以也：确实是有原因的。良，确实；以：原因。

㉛燔炙：烧烤。

㉜毕具辛酸：指完全具备了各种调味品的味道。辛酸，此处指各种味道。

㉝本然之味：食物本来具有的天然的滋味。

㉞淡则真：淡就是食物的真味。

㉟昔人：前人，古人，从前的人。《管子·小匡》："昔人之受命者，龙龟假，河出图，雒出书，地出乘黄。"

㊱向者：从前，以前。

㊲舌本：即舌头。

㊳汩没于五味：被五味所埋没。

㊴殆：大概，恐怕。

㊵寓讽：寓，隐含。寓讽指隐含有暗示或劝告的意思。文中指委婉进谏。

㊶暴殄天物：暴，损害，糟蹋；殄，灭绝；天物，指自然生物。暴殄天物指任意糟蹋东西，不知爱惜。

㊷逞：炫耀，卖弄。

㊸庶：基本，将近。

㊹不失：还算得上；不愧。明胡应麟《诗薮·外编·元》载："故蹈元之辙，不失为小乘；入宋之门，多流於外道也。"

㊺沈湎：即"沉湎"，"沈"通"沉"。沉溺，沉浸的意思。清周亮工《与黄济叔论印章书》："仆沈湎於印章一道者，盖三十馀年。"

㊻三世作官，才晓著衣吃饭：意思是延续三代的官宦人家，才懂得该怎样穿衣吃饭。《明道杂志》："钱穆尝言，三世仕途，方会著衣吃饭。故钱公每飨客致馔，皆精要而不烦。"

㊼侈富：夸耀富有。侈，此处为夸耀的意思。

㊽中节：合乎礼义法度。《后汉书·虞延传》："（富宗）性奢靡，车服器物，多不中节。"

㊾食不厌精，脍不厌细：出自《论语·乡党》，意为食物不嫌做得精，鱼和肉不嫌切得细。脍，细切的鱼、肉。

【译文】

饮食是为了养护生命，粗率而不讲究正确的饮食方法，就有可能对人的身体造成伤害，这实在是因为有失于讲求的原因。即便讲求了，又有人一味追求滋味之美，不去详细推究对人体的好处和害处。就像吴人丁骘，因为吃河豚死掉了，但喜欢美味的人却一口咬定他是死于中风，不是因吃河豚而死，真是可笑。追求口腹之欲到了极点，反让人觉得活得太累。譬如穆宁，吃饱了珍肴美味，还用棍子责打儿子，怪罪他们供奉太迟，这种做法，更是让人鄙弃。战国四公子，崇尚豢养门客，而孟尝君的下等门客也不过只给蔬菜吃。如果一味地奢侈，哪里是个头呢？苏易简对宋太宗说，食物味道好坏的判断不是固定的，适合自己口味的就是好的。晚上喝酒后口干舌燥，喝几缶腌菜的酸汤，也认为是天上才有的美味。苏东坡煮菜羹醒酒，认为菜羹的味道中含有上好油脂之气的，又饱经霜露，有霜露清新之气，即使好米好肉也是比不过它的。黄山谷作《食时五观》，倪正父极为赞叹他所言的深入透彻。

这几位先生，难道没有品尝过美味佳肴吗？他们提倡重视平常的食物的天然真味，以此警示世人戒除奢欲，确实是有原因的啊。况且食物经过烹饪烧烤，完全是各种调料的味道，已经失掉了它自然的滋味。自然的味道就是淡，淡的就是真味。从前有人偶尔没有美食，而吃了一些简单的饭食，感叹说："今天才知道了饭菜的真味，从前几乎被舌头给骗了。"既然这样，那么那些每天吃掉的上万钱，还说无处下筷子不知该吃啥的人，不是因为菜不够，也不是因为菜的味道太差了，而是味觉已经被五味所掩盖，舌头已经失去味觉的功能了。齐世祖曾经向侍中虞悰索要饮食的方子，虞悰藏私不说，恐怕也是为了防止皇帝在饮食上铺张浪费。等到皇帝喝醉了，他才献上了醒酒鲭鲊这个方子，或许也有讽谏之意吧。

读《食宪》的人，首先要戒宰杀，不要多伤害动物的性命；其次要戒奢靡浪费，不能任意糟蹋东西。碰到不常用的食材，照着菜谱上的方法去做就行，不要为了要照着食谱尝试做法而逞奢欲。以清洁为原则，以有利于身体健康为根本，这才不失于本书作者的本意。而且除了满足口腹之欲，还有别的事情要做，哪里至于沉溺在饮食之中呢？谚语说“三世作官，才晓著衣吃饭”，这哪里只是在夸耀自己的富有，其实是说他们穿衣吃饭符合礼义法度啊。孔子说“食不厌精，脍不厌细”，“不厌”只是说说罢了，他自己并没有在这上面花费什么心思。

海宁杨宫建题。

养小[1]录序

尝读《诗》[2]至民之质[3]矣，日用饮食[4]，曰旨[5]哉。饮食之道，所尚在质[6]，无他奇谲[7]也。孟子曰：“饮食之人，则人贱之[8]。”是饮食固[9]不当讲求者；乃[10]孔子大圣“食不厌精，脍不厌细”，又曰：“人莫不饮食也，鲜[11]能知味也。”

夫饐、餲、馁、败[12]，色恶[13]臭恶[14]，失饪[15]之不食无论已[16]，至不得其酱不食[17]，何兢兢于味[18]也。而孟子亦尝曰：“口之于味有同嗜焉，刍豢[19]之悦[20]口，至比于理义之悦心。”是饮食又非苟然者。其在于诗，一曰“曷[21]饮食[22]之”，一曰“饮之食之”[23]，一曰“食之饮之”[24]，忠爱之心，悉[25]寓于饮食，古人之视食饮綦重[26]矣。至于味，则曰“或燔或炙”[27]，曰“燔之炙之”，曰“炰[28]之燔之”，曰“燔之炰之”。不曰“旨酒”，则曰“佳肴”[29]；不曰“维其嘉矣”，则曰“维其旨矣”[30]，不曰“其肴维何”，则曰“其蔌维何”[31]；不曰“有饿其香”，则曰“有椒其馨”[32]；甚而田间馌饷[33]，亦必尝其旨否。古人之于味重致意[34]矣。

【注释】

①养小：即保养身体。语出《孟子·告子上》：“饮食之人，则人贱之矣，为其养小以失大也。”

②《诗》：即《诗经》，我国最早的一部诗歌总集，又称《诗三百》或《三百篇》，它收集了自西周初年至春秋中叶大约五百多年的三百零五篇诗歌。

③民之质矣：人民质朴、单纯。

④日用饮食：指日常的饮食，平常饮食。

⑤旨：美味。

⑥所尚在质：所推崇的是食物本来的味道。质，此处指食物的本味。

⑦奇谲：奇特诡变，神秘怪异。

⑧饮食之人，则人贱之：只知道吃喝的人，人们就看不起他。语出《孟子·告子上》。贱：轻贱，轻视。

⑨固：本来，原来。《孟子·梁惠王上》：“臣固知王之不忍也。”

⑩乃：连词。可是，然而。《徐霞客游记》：时夫仆俱阻险行后，余亦停弗上。乃一路奇景，不觉引余独往。

⑪鲜：很少。

⑫饐、餲、馁、败：饐，食物腐败发臭；餲，食物经久而变味；馁，鱼腐烂；败，肉腐烂。《论语·乡党》：“食饐而餲，鱼馁而肉败，不食。色恶，不食。臭恶，不食。失饪，不食。”

⑬色恶：颜色难看。

⑭臭恶：气味难闻。臭，气味。

⑮失饪：指加工食物的火候过了。《释常谈》：过熟谓之失饪。

⑯无论已：无论，古意为不必说。已，同“矣”。

⑰不得其酱不食：没有合适的调味酱不吃。语出《论语·乡党》。酱，泛指调味品。

⑱兢兢于味：在意、追求美味。

⑲刍豢：指牛羊犬豕。刍，草食家畜，如牛羊等。豢，谷食家畜，如犬豕等。句出《孟子·告子上》：“故义理之悦

我心，犹刍豢之悦我口。”朱熹注曰：“草食曰刍，牛羊是也；谷食曰豢，犬豕是也。”

⑳悦：使……愉悦。

㉑曷：同“盍”，何不。

㉒饮食：喝酒吃饭。

㉓饮之食之：给我喝，给我吃。语出《诗经·小雅·绵蛮》：“饮之食之、教之诲之。”

㉔食之饮之：即“吃吃喝喝”之意。语出《诗经·大雅·公刘》：“食之饮之，君之宗之。”

㉕悉：全部。

㉖视食饮綦重：把饮食看得极为重要。綦重：綦，极其、极为。綦重指极为重要。

㉗或燔或炙：或是烧或是烤。语出《诗经·大雅·行苇》：“醓醢以荐，或燔或炙。”燔、炙，烧烤之意。

㉘炰之燔之：炰，古同“炮”，将带毛的动物裹上泥放在火上烧。燔，用火烤熟。语出《诗经·小雅·瓠叶》：“有兔斯首，炰之燔之。

㉙不曰“旨酒”，则曰“佳肴”：不是说“美酒”就是说“佳肴”。

㉚不曰“维其嘉矣”，则曰“维其旨矣”：不是说“食物多么精美啊”，就是说“食物多么美味啊”。《诗经·小雅·鱼丽》：“物其多矣，维其嘉矣。物其旨矣，维其偕矣。”后一句中之“维”为“物”字之误。

㉛不曰“其肴维何”，则曰“其蔌维何”：不是说“席上的肉是什么”，就是说“席上的菜蔬是什么”。蔌，蔬菜。《诗经·大雅·韩奕》：“清酒百壶。其肴维何，炰鳖鲜鱼。其蔌维何，维笋及蒲。”

㉜不曰“有饳其香”，则曰“有椒其馨”：不是说“芬香的食物”，就是说“馨香的椒酒”。《诗经·大雅·载芟》：“有饳其香，邦家之光。有椒其馨，胡考之宁。”

㉝田间馌饷，亦必尝其旨否：给在田间耕作的人送饭，也一定要尝尝味道是否鲜美。馌饷，送食物到田头。《诗经·小雅·甫田》：“馌彼南亩，田畯至喜。攘其左右，尝其旨否。”

㉞重致意：极为重视，关注。

【译文】

我曾经读《诗经》，读到那时的人质朴单纯，平常的简单饭菜，就说是美味。饮食之道，崇尚的是质朴自然，没有其他诡异、神秘的东西。孟子说：“一味追求吃喝的人，人们会轻视他。”这么说来，饮食原本是不应过于讲求的。可大圣人孔子却说“食不厌精，脍不厌细”，又说“人没有不吃喝的，但少有懂得吃喝的真趣的”。

食物腐败发臭、食物放久变味、鱼腐烂了、肉腐烂了、食物的颜色难看、食物的气味难闻、菜品的火候过了孔子都不吃，这些都暂且不说，以至没有合适的调味酱也不肯吃，这是何等的执着于美味啊。而且孟子也说过：“人们的嘴对于味道，有相同的嗜好，牛、羊、犬、猪这些肉类能使人的嘴愉悦，就和理义能让人的内心愉悦一个道理。”这说明饮食又不是可以马虎随便的事。《诗经》里提到饮食，一是“曷饮食之”，一例是“饮之食之”，一例是“食之饮之”，忠诚仁爱之心，全寄寓在对饮食的描述中，可见古人把饮食看得极为重要啊。谈到味道，《诗经》里说：“或燔或炙”，说“燔之炙之”，说“炰之燔之”，说“燔之炰之”；不是说“美酒”，就是说“佳肴”；不是说“食物多么精美啊”，就是说“食物多么美味啊”；不是说“席上的肉是什么”，就是说“席上的菜蔬是什么”；不是说“芬香的食物”，就是说“馨香的椒酒”。甚至于给田间耕作的人送饭，田官也一定要尝尝做得是否鲜美。古人对于饭菜的味道，真是极为重视啊。

【原文】

《周礼》[1]《内则》[2]备载[3]食齐[4]、羹齐、酱齐、饮齐，曰和[5]、曰调[6]、曰膳[7]（煎也）。各以四时配五味、五谷及诸腥膏[8]。酒正[9]以法式[10]授酒材[11]，辨五齐[12]四饮[13]；笾人[14]掌笾实[15]，曰形盐[16]、朊[17]（炸生鱼）、鲍（大脔）、鱼鳙[18]（以鱼于楅室中糗干之）、实脯[19]（果及果脯）、糗[20]（熬大米为粉）、饵[21]（合蒸为饼）、粉[22]（豆屑也）、餈[23]（饼之曰餈）；醢人[24]掌豆实[25]，曰醯[26]（肉汁）、醢[27]（肉酱）、臡[28]（无骨曰醢，有骨曰臡）、菹[29]（腌菜）、酏食[30]（以酒酏为饼）。糁餈[31]（肉味合饼煎之）。诚[32]详哉其言之也。

【注释】

①周礼：儒家主要经典之一。包括天官、地官、春官、夏官、秋官、冬官等六篇，故本名《周官》，又称《周官经》。王莽建立新朝，始改《周官》为《周礼》，并宣称这是周公居摄时所制定的典章制度。该书是搜集周王朝官制和战国时代的各国制度，添加儒家政治理想，增减而成的汇编。

②内则：《礼记》中的篇名。是《周礼》的一部分，主要内容是记载古代贵族妇女侍奉父母、公婆的礼节，也兼及贵族子弟侍奉尊长的礼节。除此之外，本章还记载有关饮食制度、养老礼及一些曾子论孝的文字。

③备载：全部记录、详细记载。

④齐：调剂，配制。《礼记·少仪》："凡齐，执之以右，居之以左。"郑玄注："齐，谓食、羹酱饮有和者也。"

⑤和：调和味道。

⑥调：调味。在周代"调"与"和"是有区别的。"调"是"和"之后的一道工序。

⑦膳：用作动词，烹调，煎和，也是一种烹调方法。《周礼·天官·庖人》："凡用禽献，春行羔豚，膳膏香。"

⑧腥膏：腥荤肥腻的食物。明唐顺之《与王尧衢书》：

“闲饮食於富贵之家，腥膏满案，且唦之而投筯矣。”

⑨酒正：《周礼》谓天官所属有酒正，为酒官之长，掌管酒的生产与供给。

⑩法式：规范，标准。

⑪酒材：酿酒的材料。

⑫五齐：古代按酒的清浊，分为五等，叫“五齐”。《周礼·天官·酒正》：“辨五齐之名：一曰泛齐，二曰醴齐，三曰盎齐，四曰缇齐，五曰沈齐。”

⑬四饮：指清、医、浆、酏四种饮料。《周礼·天官·酒正》：“辨四饮之物，一曰清、二曰医、三曰浆、四曰酏。”贾公彦疏：“一曰清，则浆人云醴清也。二曰医者，谓酿粥为醴则为医。三曰浆者，今之截浆。四曰酏者，即今薄粥也。”

⑭笾人：周礼官名。天官之属。掌四笾之实，以供王祭祀宴享之用。笾，竹豆。古代祭祀和宴会时盛果脯等物的竹器，形状像木制的豆。

⑮笾实：装在笾中的食物。

⑯形盐：特制成虎形的盐。供祭祀用。《周礼·天官·笾人》：“朝事之笾，其实𪌉、蕡、白、黑、形盐，膴、鲍鱼、鱐。”郑玄注：“形盐，盐之似虎者。”《左传·僖公

三十年》：“王使周公阅来聘，飨有昌歜、白、黑、形盐。”杜预注：“形盐，盐形象虎。”

⑰朊：古代祭礼时用的大块鱼肉。

⑱鱼鳙：即干鱼。作者自注“以鱼于室中糗干之”，可能有误，按《周礼》郑玄之注，“糗干之”是“析干之”。

⑲实脯：果实和果脯。笾人掌管的“馈食之笾”装的是枣、栗、干梅、榛子等。“加笾”装的是菱、芡（鸡头）、栗、脯等。

⑳糗：此处用做名词，指的是“干粮”，这是古代辞书《广韵》和《说文解字》上说的，原话是：“熬米麦也。又干饭屑也。”

㉑饵：由米粉制成的糕饼。为“羞笾”所盛之物。《说文》：饵，粉饼也。

㉒粉：米细末。亦指谷类、豆类作物仔实的细末。

㉓飺：“糍”的异体字。即糍粑。是一种用糯米为主料加豆粉做成的食品。

㉔醢人：官名。《周礼》天官之属。一说为周朝置。掌供应豆类食具所盛的各种酱制食物。醢，肉酱。

㉕豆实：盛入豆中的食品。豆，古代食器，形似高足

盘，有的有盖。《周礼·天官》：“醢人，掌四豆之实。”

㉖醓：肉汁。《周礼·天官·醢人》：“朝事之豆，其实韭菹、醓醢。”郑玄注：“醓，肉汁也。”

㉗醢：没有骨头的肉酱。

㉘臡：带骨的肉酱。

㉙菹：酸菜、腌菜之类。

㉚酏食：薄粥。作者自注为酒酏做的饼，当有误。

㉛糁餈：此处应为“糁食”，即肉粥。见《周礼·天官·醢人》：“……羞豆之食，酏食、糁食。”作者自注为有肉的煎饼，当有误。

㉜诚：实在，的确。

【译文】

《周礼》《礼记·内则》完备地记载了各种饭食、羹汤、酱类、酒浆等的调味方法，叫作“和”“调”“膳”（煎）。分别根据季节的变化来调配五味、五谷和各种腥荤肥腻的食物。酒正按酒的不同种类和做法把酿酒的材料分发给下级，严格地分辨“五齐”和“四饮”。笾人负责管理各种装在笾中的食品，有虎形的盐块，大块鱼肉（炸生鱼）、鲍鱼干（大脔）、干鱼（把鱼放在室中糗干）、干果（枣、栗子、榛子等）和果脯（果及果脯）、各种干粮、糕饼、糍粑。醢人负责管理安排盛在豆中的食品，包括各种肉汁肉酱、腌菜、薄粥、肉粥。这里面记载得实在是详尽啊！

【补注】

原文中作者自注或多有误，譬如对酏食、糁食的注解，皆为饼，与《周礼》文意不符。醢人掌豆实，豆是古时专备盛放腌菜、肉酱等和味品的器皿，若是饼，应盛于“笾”中，为“笾人”的职责所在。

【原文】

余[①]谓饮食之道，关乎性命，治之之要[②]，惟洁惟宜[③]。宜者五味得宜，生熟合节[④]，难以备陈[⑤]。至于洁乃大纲矣，诗曰：“谁能烹鱼，溉之釜鬵[⑥]。”能者具有能事克宜[⑦]也。能事具矣，而器不洁，恶乎宜。故愿为之洁器者，诚重其能事也。器必洁，斯烹之洁可知，正副其能事也。夫禽兽虫鱼，本腥秽也，洁之非独味美且益人[⑧]；

水米蔬果本洁也，卤莽焉则不堪。由斯以谈，酒非和旨，肴非嘉旨，奚以“式燕且喜，式燕且誉”为⑨。

【注释】

①余：“我”，代词。

②治之之要：加工制作食物的要点。

③宜：适宜，合适。

④合节：合乎标准、要求。

⑤备陈：详尽的陈述。

⑥溉之釜鬵：为他洗锅洗甑子。溉，洗涤；釜鬵，都是烹饪器具，釜指锅，“鬵”古同“甑”。《诗·桧风·匪风》：“谁能烹鱼？溉之釜鬵。”

⑦具有能事克宜：具有会做（饮食）的技能的并且做得合乎分寸。

⑧益人：对人有好处。

⑨奚以“式燕且喜，式燕且誉”为：语出《诗经·小雅·车舝》怎么能使宾客说“赴宴好高兴啊，宴会真丰盛啊”呢！“奚……为”，“怎么……呢”。奚，怎么，何。燕，通“宴”。式，发语词。誉，赞誉，称赞。

【译文】

我认为饮食这件事，关系到人的生命，制作和加工食物的关键，只有干净和适宜这两点。“宜”就是指要根据不同的季节配以相应的味道，生熟要合乎规范，这里面的要求很难一一陈述清楚。至于干净、卫生，是饮食的要求中最重要的。《诗经》说：“谁擅长烹鱼，我情愿为他洗锅洗甑子”，“能”是什么？“能”就是具有操作能力并且能做得恰到好处。能力具备了，但是器具不清洁，就不可能做到合适。所以那愿意为他洗干净器具的人，实在是看重他的厨艺啊。厨具一定是清洁的，他烹饪过程的清洁可想而知，这与他的厨艺也是相符合的。那些禽兽虫鱼，本来是腥臭污秽的东西，把它们收拾干净不仅味道鲜美还对人身体有益处。水米蔬果，本来是很干净的东西，随意马虎地做出来也不会好吃。从这点来说，酒如果不是好酒，肴如果不是佳肴，又怎么能让使宾客们说“赴宴好高兴啊！宴会真丰盛啊”呢？

【补注】

文中说“宜者五味得宜”，“得宜”此处当指根据配合四季变化调配五味得当，和下文的“生熟合节”，都是从养生的角度着眼的。《内经》说：天以五气（风暑湿燥寒）滋养人，地以五味（酸苦甘辛咸）护育人。五味和则能益于形体、增盈骨肉、健全骸骨、丰滋血脉，从而健魄壮雌。春，省酸增甘以养脾；夏，省苦增辛以养肺；秋，省辛增酸以养肝；冬，省咸增苦以养心。

【原文】

然则[①]孟子所称“饮食之人”，即孔子所称“饱食终日无所用心”之人，故贱之，而非为饮食言也。且夫饮食之人，大约有三：一曰“铺餟[②]之人”，秉量[③]甚宏，多多益善，不择精粗；一曰“滋味之人”，求工烹饪，博及珍奇，又兼好名，不惜多费，损人益人，或不暇计[④]；一曰“养生之人”，务洁清，务熟食，务调和，不侈费，不尚奇[⑤]。食品本多，忌品不少，有条有节，有益无损，遵生颐养[⑥]，以和于身，日用饮食，斯为尚矣。

【注释】

①然则：“既然这样，那么……”

②餔餟（bù zhuì）：泛指吃喝。

③秉量：指“饭量”“食量”。

④不暇计：没有时间考虑。

⑤尚奇：追求与众不同，猎奇。

⑥遵生颐养：遵循养生的规律、保养身体。

【译文】

既然如此，那么孟子所说的“饮食之人”，就是孔子所说的“饱食终日，无所用心”之人，所以瞧不起他们，并不是针对“饮食”而言。那些爱好饮食的人，大致分三类：一类叫作“餔餟之人”，这种人饭量很大，吃东西多多益善，不挑剔粗细好坏；一种叫作“滋味之人”，追求烹饪的精美细致，广食奇珍异味，又喜好虚名，不吝惜花费，至于对人体有害还是有益大概是没有工夫考虑的；还有一类是“养生之人”，要求饮食务必清洁，必须做熟，味道和食材的搭配一定要得当，不奢侈浪费，不崇尚猎奇。能吃的东西本来很多，他们忌食的却不少；在饮食上有条理有节制，对身体有益无损。遵循养生的规律保养身体，使身体安泰。在日常饮食中，这才是我们该尊崇的。

【原文】

余家世耕读，无鼎烹[①]之奉。然自祖父以来，蔬食菜羹，必洁且熟，又自出就外傅[②]，谨守色恶臭恶之语[③]，遂成痼癖[④]。《管子》曰“呰[⑤]食者不肥体”，余真其食者，宜其为山泽癯[⑥]也。

【注释】

①鼎烹：原意为列鼎而食的豪门贵族。这里是比喻生活奢侈。

②外傅：古代贵族子弟至一定年龄，出外就学，所从之师称外傅。

③色恶臭恶之语：指孔子所说腐败变色、气味不好的食物不吃的话。

④痼癖：长期养成的难以改变的嗜好。痼，原意是病经久难治，比喻长期养成不易克服的嗜好、习惯。癖，积久成习

的嗜好。

⑤呰：据《管子集校》应为"訾"（cí），意为：嫌食，挑食。语出《管子·形势篇》。

⑥癯（qú）：身体清瘦的意思。

【译文】

我家世代耕读，没有过过奢侈的生活。然而自从祖父以来，即便是简单的蔬食菜羹，也必须干净、烧熟。另一方面，自从我到外面跟从先生学习，就严格地遵守孔子色变不食、味臭不食的话语，于是养成了难以改变的习惯。《管子》说："挑食的人长不胖。"我真是这样挑食的人，适合做一个山泽中的瘦子。

【原文】

尝著《饮食中庸论》，及臆定[1]饮食各条，草藁[2]未竟，浪游[3]十馀载，传食于公卿[4]。所遇或丰而不洁，惜其暴殄天物也；洁而不极丰，意念良安[5]耳；极丰且洁，则私计[6]曰：是不[7]当稍稍惜福耶。岁戊寅[8]游中州[9]，客[10]宝丰馆舍[11]，地僻无物产，官庖人朴且拙[12]，余每每呰食，诚恐不洁与熟，非不安淡泊也。适[13]广文杨君子健，河内名族也，有先世所辑《食宪》一书，余乃因千门杨明府，得以借录其间，杂乱者重订，重复者从删，讹[14]者改正，集古旁引，无预食经者置弗录[15]。录其十之五，而增以己所见闻十之三。因易其名曰《养小录》，并述夙昔[16]臆见以为序。序成，反复自忖[17]，诚饮食之人也。

浙西饕士[18]中村[19]顾仲漫识[20]。

【注释】

①臆定：主观的断定。

②草藁：即草稿。“藁”同“稿”。

③浪游：漫游，四方游荡。

④传食于公卿：传食，辗转受人供养。《孟子·滕文公下》：“后车数十乘，从者数百人，以传食於诸侯，不以泰乎？”传食于公卿意为辗转于公卿之中接受供养。公卿，指朝廷中的高级官员。

⑤良安：很安心。良，副词，很。

⑥私计：私下考虑、心中暗想。

⑦戊寅：指康熙三十七年。

⑧是不：是不是，是否。

⑨中州：指今河南省一带。

⑩客：客居，旅居。

⑪馆舍：即今之旅馆。

⑫朴且拙：朴实而且笨拙。

⑬适：适逢，刚好碰见。

⑭讹：错误。

⑮无预食经者：不涉及饮食之道的。

⑯夙（sù）昔：从前，以前。

⑰自忖（cǔn）：暗自思量，暗自揣度。忖，揣度，思量。

⑱饕（tāo）士：贪吃的人。

⑲中村：顾仲的号。

⑳漫识：随手记载。

【译文】

我曾经写过《饮食中庸论》，并且自定了饮食应注意的诸多事项。草稿还没有完成，就外出游荡了十来年，辗转于公卿之中接受供养。所遇到的饮食，有的很丰盛，但是不干净，便可惜他暴殄天物、糟蹋了东西；有的干净但并不丰盛，我的心里就很安稳；如果是极其丰盛而且干净的，就会私下想着是不是应当稍稍节省一些。戊寅年，我游历中州，客居在宝丰馆舍。那里比较荒僻，没有什么好东西。官府里的厨师朴实而且笨拙，我总是挑食，实在是怕不干净，没有烧熟，并不是不安于淡泊。恰好遇见一位广文先生杨子健，他家是河内的名门望族。家里有前代所辑录的《食宪》一书。我便凭借千门杨明府的关系借来抄录，杂乱的地方重新修订，重复的地方予以删除，错误的地方加以改正，把古方集中起来，再加以旁征博引，不涉及饮食之道的内容一概弃置不采用。采录了原书的十分之五，并且增加了自己知道的相关内容，占全书的十分之三。于是改了书名，叫作《养小录》，并且记述了从前的一些个人的见解作为本书的序言。序写成之后，反复思量，原来我真是一个“饮食之人”啊！

浙西饕士中村顾仲随笔。

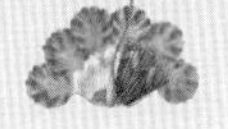

卷之上

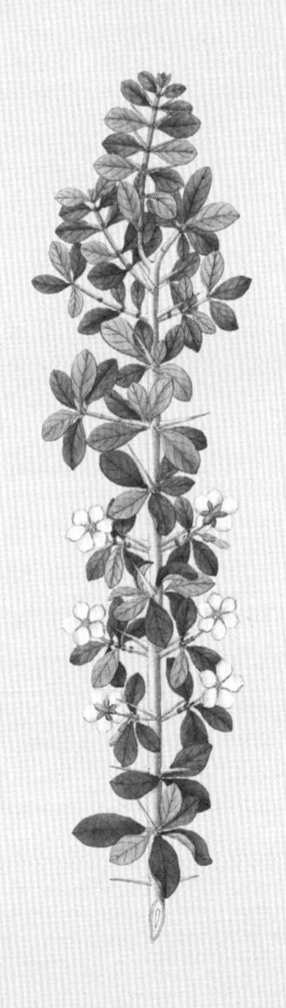

饮之属

论　水

【原文】

人非饮食不生[1]，自当以水谷[2]为主。肴[3]与蔬但[4]佐[5]之，可少可更[6]。惟水谷不可不精洁。天一生水[7]，人之先天，只是一点水。凡父母资禀[8]清明[9]，嗜欲[10]恬淡者，生子必聪明寿考[11]。此先天之故也。《周礼》云："饮以养阳，食以养阴。水属阴，故滋阳；谷属阳，故滋阴。以后天滋先天，可不务精洁乎？"故凡污水、浊水、池塘死水、雷霆霹雳时所下雨水、冰雪水（雪水亦有用处，但要相制耳）俱能伤人，切不可饮。

【注释】

①生：生存，活命。

②水谷：水和粮食。

③肴：做熟的鱼肉等的统称。

④但：只，仅。此处用作副词，表范围。西汉·司马迁《史记·李斯传》："天子所以贵者，但以闻声。"

⑤佐：辅助，配食的意思。

⑥更：改变，替换。

⑦天一生水：《周易·系辞》："天一，地二，天三，地四，天五，地六，天七，地八，天九，地十。"天为阳，地为阴。奇数为阳，偶数为阴。所以天都是奇数，地都是偶数。阳生阴，水又属阴，所以一生水；阴生阳，火又属阳，所以二生火，这是古代阴阳五行学说的部分内容。

⑧资禀：指天资和禀赋。

⑨清明：是指人清淡明智。

⑩嗜欲：嗜好与欲望。《南史·沈约传》："约性不饮酒，少嗜欲，虽时遇隆重，而居处俭素。"

⑪寿考：年高，长寿。《诗·大雅·棫朴》："周王寿考，遐不作人。"郑玄笺："文王是时九十馀矣，故云

寿考。”

【译文】

人不进饮食就不能生存，饮食自然应当以水和粮食为主，鱼肉等荤菜和蔬菜只是用于配食，可以少吃，可以相互替换，唯有水和粮食是不能缺少的，所以不能不要求精致清洁。天一生水，人的先天，只是一点水。大凡父母资质禀赋清明、恬然淡泊的，生下的孩子必然聪明长寿，这是先天所决定的。《周礼》说：水是用来养阳的，粮食是用来养阴的。水属阴，所以滋阳；粮食属阳，所以滋阴。以后天滋补先天，能不力求精致清洁吗？所以凡是污水、浊水、池塘里的死水、打雷时所下的雨水、冰雪融化的水（雪水也有用处，但要处理后才能饮用——作者自注），都能伤人，千万不可饮用。

取水藏水法

【原文】

不必江湖也，但就长流通港①内，于半夜后舟楫②

未行时，泛舟至中流[3]，多带罐瓮取水归。多备大缸贮下，以青竹棍左旋搅百馀，急旋成窝，急住手。箬篷盖[4]盖好，勿触动。先时[5]留一空缸。三日后用木杓于缸中心轻轻舀水入空缸内。原缸内水，取至七八分即止。其周围白滓及底下泥滓，连水洗去净。将别缸水，如前法舀过，又用竹棍搅盖好。三日后又舀过去泥滓。如此三遍。预备洁净灶锅（专用煮水，用旧者妙），入水煮滚透，舀取入罐。每罐先入上白糖霜[6]三钱于内，入水盖好。一二月后取供煎茶，与泉水莫辨。愈宿愈好。

【注释】

①长流通港：河水畅流的河道。

②舟楫：指船只。

③中流：江河的中央。

④箬篷盖：用箬竹的篾或叶子编织而成的圆锥形盖子。

⑤先时：预先、提前。

⑥白糖霜：指极细的冰糖粉。

【译文】

取水不一定非要到大江大湖中，只要是长期流动的河流中都可以取。在后半夜船只没有往来的时候，划船到河中央取水。要多带一些罐子大瓮装水回来。多准备一些大缸把水装进去，用青竹棍向左旋转搅动一百多下，当水极速旋转形成漩涡时，立刻停下，用箬篷盖子盖好，不要再触动。事前预先准备一个空缸，三天后用木勺从缸的中心轻轻地把水舀入空缸中。原来缸中的水舀走七八分后就停下来，水缸周围的白色渣子和缸底的泥渣，用剩下的水洗了倒干净。将其他缸里的水，用同样的方法舀到缸里，用竹棍搅了盖好，三天后又舀过去掉泥渣。这样操作三遍。预备干净的灶锅（专门用来煮水，用旧的更好），把水倒入锅中，煮滚煮透，再把水舀进罐子里。每罐要预先放入上好的冰糖细粉三钱，水舀进去后盖好。一两个月后取出，用来煎茶，和用泉水煎茶没什么两样。水存放的时间愈久愈好。

青果汤

【原文】

橄榄三四枚，木槌击破（刀切则黑锈[1]作腥，故必用

木器）。入小沙壶，注[2]滚水盖好，停顷[3]斟饮。

【注释】

①绣：即“锈”。指铁刀剖面上出现的锈斑。

②注：灌入，倒入。

③停顷：停一会儿，过一会儿。顷，短时间。

【译文】

橄榄三四枚，用木槌敲破（如果用刀切，切面会发黑有锈味，所以必须用木器）。装入小沙壶，倒入刚烧开的滚水，盖好，过一会儿，就可以喝了。

暗香[1]汤

【原文】

腊月早梅，清晨摘半开花朵，连蒂入瓷瓶。每一两用炒盐一两洒入，勿用手抄[2]坏。箬叶厚纸密封。入夏取开，先置蜜少许于盏内，加花三四朵，滚水注入，花开如生[3]，充茶[4]，香甚可爱。

【注释】

①暗香：借指梅花。宋人林逋《梅花》诗中有“疏影横斜水清浅，暗香浮动月黄昏”之句，后人常用“暗香”指梅花。

②抄：指由下向上挑起翻动。

③生：新鲜的样子，鲜活。

④充茶：充当茶饮。

【译文】

腊月早开的梅花，清晨摘取半开的花朵，连花蒂一起装入瓷瓶。每一两花朵面上撒入一两炒盐，不要用手翻动，再用箬叶和厚纸密封起来。到了夏天，揭开封盖。取用时先放一点蜂蜜在茶盏中，再加入三四朵制好的腊梅花，倒入滚开的水，花在水中舒展打开如同鲜花一样，充作茶饮，香得极为可爱。

茉莉汤

【原文】

厚白蜜涂碗中心，不令旁挂[1]，每早晚摘茉莉置别碗，将蜜碗盖上，午间取碗注汤[2]，香甚。

【注释】

①不令旁挂：不让碗边沾上蜜。

②汤：热水。

【译文】

把很浓的白蜜涂在碗的中心，不要把蜂蜜沾在碗边。每天早晚摘取茉莉花放在另一只碗中，把涂蜜的碗盖在上面。到中午时分，取下涂蜜的碗，在蜜碗中倒入热水，极香。

【补注】

此处须注意是将热水倒入涂蜜的碗中，而不是注入装茉莉的碗中。茉莉汤之法在《遵生八笺》中说得更清楚。

柏叶汤

【原文】

采嫩柏叶，线缚悬大瓮中，用纸糊①，经月②取用。如未甚干，更③闭之至干。取为末，藏锡瓶。点汤④翠而香。夜话饮之，几仙人矣，尤醒酒益人。

【注释】

①纸糊：用纸糊上，封口。

②经月：经过一个月。

③更：再，又。

④点汤：将茶末置盏中，用沸水冲入，叫“点汤”“点

茶”。此处指将柏叶末置盏中，用沸水冲入。

【译文】

采摘鲜嫩的柏叶，用线捆住悬挂在大瓮中，用纸糊住瓮口，过一个月取出来用。如果柏叶还不是很干，再密封起来，直到干了再取出来研成粉末，贮藏在锡瓶中。点成的汤颜色青翠气味清香。晚上聊天的时候喝它，舒服得如同仙人一般。尤其能够醒酒、养生。

桂花汤

【原文】

桂花焙[①]干四两，干姜、甘草各少许，入盐少许，共为末，和匀收贮，勿出气。白汤点。

【注释】

①焙：用微火烘。

【译文】

焙干的桂花四两，干姜、甘草各用少许，再加少许盐，一起碾成末，和匀贮存起来，不要透气。用白开水冲泡。

论 酒

酒以陈[①]者为上[②]，愈陈愈妙。暴酒[③]切不可饮，饮必伤人，此为第一义。酒戒酸，戒浊，戒生，戒狠暴，戒冷；务清，务洁，务中和之气[④]。或谓余论酒太严矣，然则当以何者为至[⑤]？曰："不苦，不甜，不咸，不酸，不辣，是为真正好酒。"又问何以不言戒淡也？曰："淡则非酒，不在戒例。"又问何以不言戒甜也？曰："昔人有云，清烈[⑥]为上、苦次之，酸次之，臭又次之，甜斯下[⑦]矣。夫酸臭岂可饮哉？而甜又在下，不必列戒例。"又曰："必取五味无一可名[⑧]者饮，是酒之难也。尔其不饮耶[⑨]？"余曰："酒虽不可多饮，又安能不饮也。"或曰："然则饮何酒？"余曰："饮陈酒，盖[⑩]苦、甜、咸、酸、辣者必不能陈也。如能陈即变而为好酒矣。是故'陈'之一字，可以作酒之姓矣。"或笑曰："敢问酒之大名尊号？"余亦笑曰："酒姓陈，名久，号宿落。"

【注释】

①陈：时间久的。指存放时间长久。

②上：等级或品质高的，最好的。

③暴酒：时间很短，仓促酿成的酒。

④中和之气：指性味中正平和。

⑤至：最好。

⑥清烈：清醇、无杂味。烈，指酒的浓度高。

⑦斯下：清烈、苦、酸、臭之下。斯：指示代词，指清烈、苦、酸、臭。

⑧无一可名：没有一种可以说得出来。名，这里是指出的意思，名词用作动词。

⑨尔其不饮耶：你或许不喝酒呢？其，表示揣测、拟议的语气。

⑩盖：连词，承接上文说明理由。

【译文】

酒以陈者为上品，放的时间越久越好。快速酿成的酒千万不能喝，喝了一定会损伤身体，这是最重要的一点。酒不能有酸味、不能混浊、不能没有酿熟、不能暴晒、不能太冷，务必清澈、干净，性味中正平和。有人说我对酒的品评太严了，那么什么样的酒是最好的呢？我的回答说不苦、不甜、不咸、不酸、不辣，这样的酒才是真正的好酒。又有人问为什么不说酒戒淡呢？我说："淡了就不是酒了，所以不在戒之列。"又有人问为什么不说酒戒甜呢？我说："前人说过，酒清醇、纯度高为上，有苦味就差些，有酸味就再差些，有臭味就又差些，甜味更在这些味道之下。酸臭的酒怎么可以喝呢？而甜又在酸臭之下，自然是更不能喝了，就不必专门列入戒例了。"又有人说："一定要选五味中一种都没有的酒来喝，这酒也太难找了。你或许不喝酒吧？"我说："酒虽不可多饮，又怎么能不饮呢？"有人问："既然这样，那你喝什么酒呢？"我说："喝陈酒。因为苦、甜、咸、酸、辣的酒，一定是放不久的。如果能放陈那就肯定是好酒了。所以'陈'这个字，可以作为酒的姓氏。"有人笑着问我："能不能问一下酒的大名尊号？"我也笑着说："酒姓'陈'，名'久'，号'宿落'。"

诸花露

【原文】

仿烧酒锡甑、木桶减小样[①]，制一具，蒸诸香露。凡诸花及诸叶香者，俱可蒸露。入汤代茶，种种益人。入酒增味，调汁制饵[②]，无所不宜。

稻叶、橘叶、桂叶、紫苏、薄荷、藿香、广皮[③]、香橼[④]皮、佛手柑、玫瑰、茉莉、橘花、香橼花、野蔷薇（此花第一）、木香花、甘菊、菊叶、松毛、柏叶、桂花、梅花、金银花、缫丝花[⑤]、牡丹花、芍药花、玉兰花、夜合花、栀子花、山矾花、蜡梅花、蚕豆花、艾叶、菖蒲、玉簪花，惟兰花、橄榄二种，蒸露不上[⑥]，以质嫩入甑即酥也。

【注释】

①仿烧酒锡甑、木桶减小样：仿照烧酒用的锡甑或木桶做一个缩小版。甑，古代蒸食物的炊具，底部有许多透气的孔格，置于鬲或鬵（大口锅）上蒸煮，如同现在的蒸锅。

②饵：糕饼之类的食物。

③广皮：即陈皮。

④香橼：即枸橼。芸香科，小乔木或大灌木，一年多次开花，花大，带紫色，花柱常宿存，果实味苦，清香宜人。

⑤缫丝花：花名，花期五月至七月，花淡粉或粉红色，微香。

⑥不上：用不上。

【译文】

仿造一个小一点的像做烧酒用的锡甑、木桶一样的器具，用来蒸制各种香露。凡是有香味的各种花和树叶，都可以用来蒸香露。蒸出来的香露加进水里代茶饮用，对人有诸多好处。放到酒里能增加香味，调成汁水可制作糕饼，没有什么地方不能用的。

能蒸制香露的有稻叶、橘叶、桂叶、紫苏、薄荷、藿香、广皮、香橼皮、佛手柑、玫瑰、茉莉、橘花、香橼花、野蔷薇（此花第一）、木香花、甘菊、菊叶、松毛、柏叶、桂花、梅花、金银花、缫丝花、牡丹花、芍药花、玉兰花、夜合花、栀子花、山矾花、蜡梅花、蚕豆花、艾叶、菖蒲、玉簪花，唯有兰花、橄榄两种，没法蒸取香露，因为它们的质地太嫩，一放入甑中蒸马上就烂了。

杏 酪

【原文】

甜杏仁以热水泡，加炉灰一撮入水，候冷即捏去皮，清水漂净，再量入[1]清水，如磨豆腐法，带水磨碎。用绢袋榨汁去渣。以汁入锅煮。熟时入蒸粉少许，加白糖霜热啖。麻酪亦如此法。

【注释】

①量入：估量加入。

【译文】

甜杏仁用热水浸泡，加一撮炉灰到水里，等水冷了就捏去杏仁的皮，用清水漂洗干净。再加入适量的清水，像磨豆腐一样，和着水磨碎。磨过的浆汁装在绢袋里，滤出汁水，去掉杏仁渣。把杏仁汁放在锅中煮，煮熟了加入一些蒸粉，加上冰糖细粉趁热吃。芝麻酪也是这样的做法。

乳 酪

【原文】

牛乳一碗（或羊乳），搀入水半钟[1]，入白面三撮，滤过下锅，微火熬之。待滚，下白糖霜，然后用紧火[2]，将木杓打。一会熟了，再滤入碗吃嗄。

【注释】

①钟：古代器名，即圆形壶，用以盛酒浆或粮食，也指杯子，此处据牛乳的量只一碗，入水半壶太多，当指杯子。

②紧火：大火。

【译文】

牛奶（或羊乳）一碗，掺入半杯水、三撮白面，搅匀后滤取汁液下锅，小火熬。等熬开后，加入冰糖细粉，然后大火煮，边煮边用木勺搅打。熟了之后，再滤入碗中吃。

牛乳去膻法

【原文】

黄牛乳入锅，加二分水。锅上加低浅蒸笼，去[1]乳二寸许，将核桃斤许，逐一击裂，勿令脱开，匀排笼内，盖好密封。文武火[②]煮熟。其膻味俱收桃内（桃不堪食，剥净盐、酒拌炒可食），或加白糖啖，或入鸡子煮食。烧羊牛肉，亦取核桃三四枚放入，大去膻。

【注释】

①去：距离。

②文武火：即小火和大火。

【译文】

把黄牛奶倒进锅里，加入二分水，锅上放低浅的蒸笼，离牛奶约二寸多点。把一斤多核桃逐个敲裂，但不要散开。把敲裂的核桃均匀地放进蒸笼里，盖好盖子密封好，用大火熬开后改小火煮熟，牛奶的膻味都被吸收到核桃里（这样的核桃难吃，但剥干净用盐和酒拌炒后可以食用）。可以拌白糖一起吃，也可以加鸡蛋煮着吃。烧牛羊肉时，也拿三四个核桃放进去，很能去除膻味。

酱之属

甜　酱

【原文】

伏天取小麦淘净，入滚水锅，即时[1]捞出。陆续入即捞，勿久滚。捞毕沥干水，入大竹箩内，用黄蒿盖上，三日后取出晒干，至来年二月再晒。去膜[2]播[3]净，磨成细面。罗过[4]入缸内。量入盐水。夏布[5]盖面，日晒成酱，味甜。

【注释】

①即时：很快，马上。

②膜：此处指麦壳。

③播：通“簸”。把粮食放在簸箕里上下颠簸，扬去糠

秕等杂物。

④罗过：用细筛子筛过。罗，一种很细密的筛子。

⑤夏布：以苎麻为原料编织而成的麻布。因常用于夏季衣着，凉爽适人，又俗称夏布、夏物。

【译文】

三伏天把小麦淘洗干净，放入烧开了水的锅里，煮一下就捞出来。陆续这样地入锅、捞起，水开后不要煮太久。捞完后，将捞出的小麦沥干水分，放进大竹箩里，用黄蒿盖上。三天后把小麦取出来晒干。到第二年的二月再晒，晒干后脱去麦壳簸干净，磨成细面。磨好的面粉用罗筛过之后放进缸里，加入适量的盐水，用夏布覆盖在面上，在太阳下晒成酱，味道是甜的。

又　方[①]

【原文】

二月以白面百斤，蒸成大卷子。劈作大块，装蒲包[②]内，按实盛箱，发黄[③]，七日取出。不论干湿，每黄一斤，盐四两。将盐入滚水化开，澄去泥滓，入缸下黄。候将熟，用竹格细搅过，勿留块。

【注释】

①又方：又一个方子，另外一个方法。

②蒲包：用香蒲叶编成的装东西的袋子。

③黄：使面卷发酵，上长出黄色孢子。

【译文】

农历二月的时候，用白面一百斤，蒸成大卷子。把面卷劈成大块，装在蒲包里，按紧装在箱子里，使它发酵长出黄毛，七天之后取出。不管是干是湿，每一斤发黄的面卷，配盐四两。把盐放到开水中化开，去掉泥渣取澄清液倒入缸中，再把发黄的卷子放入缸中。等到快完全成酱的时候，用竹格细细地搅散，不要留块。

又①

【原文】

白豆炒黄磨细粉，对②面，水和成剂③，入汤煮熟，切作糕片。罨④成黄子⑤槌碎，同盐瓜盐卤⑥层叠入瓮，泥头⑦。历十月成酱，极甜。

【注释】

①又：指做“甜酱”的又一个方子。

②对面：这里指掺和等量的面粉。

③剂：即剂子。做馒头、饺子等食品的时候，从和好的长条形的面上分出来的小块。

④盦：器皿的盖子。这里作动词用，盦盖，遮盖或密封有机物使发酵。

⑤黄子：即罨黄。古代制盐，将原料做成饼或其他形状，盖上东西，在适当的温度和湿度下，使曲菌在饼上生成黄色孢子，使饼子呈现黄绿色，这就是罨黄，又叫上黄。已经罨黄的半成品，古时叫“黄蒸”，现在叫“酱黄”。

⑥盐卤：海水制盐后，残留盐池内的母液的提取物。

⑦泥头：用泥封住瓮口。

【译文】

把白豆炒黄之后磨成细粉、掺入等量面粉，用水揉和成剂子。把剂子放进水中煮熟，切成糕片。盦盖发酵等长出黄色霉菌后槌碎，然后一层碎块、一层盐瓜、一层盐卤这样层叠地放入瓮中。用泥封住瓮口。经过十个月就成了酱，极甜。

仙酱方

【原文】

蒸桃叶，盖七日，阴[①]七日。每斤盐二两，自化，至妙。

【注释】

①阴：将物品放在透风而日光照不到的地方。

【译文】

桃叶蒸熟，用盖子盖上放置七天，七天后，再于阴凉处放置七天。按每斤桃叶用盐二两的比例，把盐放入桃叶，桃叶自然化掉成酱，味道极为美妙。

一料酱方

【原文】

上好陈酱（五斤）、芝麻（二升，炒）、姜丝（五两）、杏仁（二两）、砂仁（二两）、陈皮（三两）、椒末（一两）、糖（四两）。熬好菜油，炒干入篓[①]。暑月[②]行千里不坏。

【注释】

①篓：用竹子、荆条、苇篾儿等编成的盛东西的器具。

②暑月：夏月。约相当于农历六月前后小暑、大暑之时。

【译文】

用上好的陈酱（五斤）、芝麻（两升，炒香）、姜丝（五两）、杏仁（二两）、砂仁（二两）、陈皮（三两）、花椒面（一两）、糖（四两），把好的菜油烧熟后将上述各种原料下锅拌匀炒干，装入篓中。做好的酱保存期长，即使最热的夏天，行千里之路也不会坏。

糯米酱方

【原文】

糯米一小斗，如常法作成酒带糟。入炒盐一斤、淡豆豉半升、花椒三两、胡椒五钱、大茴二两、小茴二两、干姜二两。以上和匀磨细，即成美酱。味最佳。

【译文】

把一小斗糯米，就像平常做酒一样做成带糟的酒。将炒过的盐一斤，淡豆豉半升、花椒三两，胡椒五钱、大茴香二两、小茴香二两、干姜二两混合磨细后加入做好的糟酒中和匀，就成为美味的糯米酱，味道最佳。

豆酱油

【原文】

红小豆蒸团成碗大块，宜干不宜湿，草铺草盖置暖处，发白膜晒干。至来年二月，用大白豆，磨拉半子①，橘去皮，量用水煮一宿，加水磨烂（不宜多水）。取旧面②水洗刷净，晒干，碾末，罗过拌炒，末内酌量拌盐，入缸。日晒候色赤，另用缸，以细竹篦隔缸底，酱放篦上，淋下酱油，取起，仍入锅煮滚，入大罐，愈晒愈妙。馀酱，酱瓜茄用。

【注释】

①磨拉半子：用磨把豆子磨成较大的碎颗粒。

②旧面：指前一年制好的红小豆面团。

【译文】

把红小豆蒸团成碗大的块，宜干不宜湿。下面铺草，上面盖草放在暖和的地方。等团子长出白膜后晒干。到第二年二月，把大白豆磨粗粒碎和去皮的橘子一起加适量的水煮一夜后，加水磨烂（水不宜放多）。然后取出上年的红小豆面团用水洗净、晒干，碾成细末，过罗筛细后和磨烂的黄豆、橘子一起拌炒，末内酌量拌一些盐，放入缸中。有太阳时将缸放在太阳下晒，晒到颜色鲜红后，另用一只缸，把细竹箅子隔在缸底，晒好的酱放在箅子上，把酱油从酱上淋下去，再把酱油取起仍然放入锅里煮开，装入大罐里再晒。愈晒愈好。剩下的酱，可以用来酱瓜、酱茄子。

又 法

【原文】

黄豆或黑豆煮烂，入白面，连豆汁搋和①使硬，或为饼，或为窝②。青蒿盖住，发黄磨末，入盐汤，晒成酱。用竹密篦挣③缸下半截，贮酱于上，沥下酱油。

【注释】

①搋：揉。

②窝：窝窝状。

③挣：此处指把竹箅平置卡在缸下部。

【译文】

黄豆或黑豆煮烂，加入白面，连豆汁一起揉搓和成硬团子，或者压成饼子，或捏成窝状。捏好的面饼面窝用青蒿盖住，长出黄毛后磨成细末，加入煮好的盐水，晒成酱。把细竹篾的竹箅子平卡在缸的下半部，把酱放在竹箅上，沥下来的就是酱油。

秘传造酱油方

【原文】

好豆渣一斗，蒸极熟，好麸皮一斗，拌和，罨[①]成黄子。甘草一斤，煎浓汤，约十五六斤，好盐二斤半，同入缸。晒熟，滤去渣，入瓮，愈久愈鲜，数年不坏。

【注释】

①罨：见“甜酱”之“又”方。

【译文】

上好的豆渣一斗，蒸得极熟，上好的麸皮一

斗，一起拌和均匀，盦盖发酵等长出黄色霉菌。一斤甘草，煎成十五六斤浓汤，加入上好的盐二斤半一同装入缸中。在太阳下晒熟，滤渣后，装入瓮中，放的时间愈久，味道愈鲜，几年都不会坏。

急就酱[1]

【原文】

麦面黄豆面，或停[2]，或豆少面多，下盐水入锅熬熟，入盆晒。西安作“一夜酱”即此。

【注释】

①急就酱：快速做成的酱。

②停：量词，总数分成若干等份中的其中一份。指等量。

【译文】

用麦面、黄豆面，或等量、或豆面少麦面多混合，倒入盐水，放入锅熬熟。熬熟装盆后放在太阳下晒。西安作“一夜酱”的方法就是这种。

急就酱油

【原文】

麦麸五升，麦面三升，共炒红黄色，盐水十斤，合晒淋油[1]。

【注释】

①淋油：滤出酱油。

【译文】

麦麸五升、麦面三升，一起炒成红黄色；加入十斤盐水，太阳晒过后滤出酱油。

芝麻酱

【原文】

熟芝麻一斗磨烂。用六月六日水煎滚，候冷入瓮，水淹上一指[1]。对日晒，五七日[2]开看，捞去黑皮，加好酒娘糟[3]三碗、好酱油三碗、好酒二碗、红曲末一升、炒绿豆一升、炒米一升、小茴香末一两，和匀晒。二七日用。

【注释】

①一指：指一手指的高度。

②五七日：即五七三十五天。下文二七日，即二七一十四天。古人常用此法说明数字。如七七之数即四十九。

③酒娘糟：即酒酿糟，就是酿醪糟的米皮。

【译文】

炒熟的芝麻一斗磨烂，取农历六月六日的水煎熬滚开，等冷却后装入瓮中，水量以超过芝麻泥一指高为宜。然后放在太阳下晒，第三十五天的时候打开看，捞去黑皮，加入上好的酒酿糟三碗、上好的酱油三碗、好酒二碗、红曲末一升、炒绿豆一升、炒米一升和小茴香末一两，和匀继续晒。十四天后，就可食用。

腌肉水

【原文】

腊月腌肉，剩下盐水，投白矾少许，浮沫俱沈[1]，澄去滓，另器收藏。夏月煮鲜肉，味美堪久。

【注释】

①沈：同“沉”。

【译文】

用腊月腌肉后剩下的盐水，投入少许白矾，浮沫全部沉底后，取澄清液滤去渣子后用另外的器皿收存。夏天用来煮鲜肉，味道很美，并较鲜肉易于存放，不易变质。

腌 雪

【原文】

腊雪[1]贮缸，一层雪，一层盐，盖好。入夏取水一杓煮鲜肉，不用生水及盐酱，肉味如暴腌[2]，肉色红可爱，数日不败。此水用制他馔[3]，及和酱，俱大妙。

【注释】

①腊雪：腊月里下的雪。腊月即农历十二月。

②暴腌：腌渍鱼和肉的一种粗加工方法，

③馔：泛指各种饭食。

【译文】

把腊月的雪贮存在缸里。一层雪，一层盐，逐层放好后盖好。入夏后取一勺腌雪水煮鲜肉，不要加生水、盐和酱，煮熟的肉味道就像暴腌的一样，肉的颜色红得可爱，放几天也不会坏。这种腌雪水用来制作其他馔肴和用来和酱，都特别好。

芥 卤

【原文】

腌芥菜[①]盐卤[②]，煮豆及萝卜丁，晒干，经年不坏。

【注释】

①芥菜：十字花科，一二年生草本植物。组织较粗硬，有辣味，腌渍后有特殊辣味和鲜味，种子可榨油和制芥辣粉。

②盐卤：腌过菜的带盐的汁水。

【译文】

腌过芥菜的盐卤，用来煮豆子和萝卜丁，再晒干，放很久都不会坏。

笋 油[①]

【原文】

南方制咸笋干，其煮笋原汁与酱油无异，盖[②]换笋而不换汁，故色黑而润[③]，味鲜而厚[④]，胜于酱油，佳品也。山僧[⑤]受用[⑥]者多，民间鲜致[⑦]。

【注释】

①笋油：制笋干时煮笋后的汤汁，因其色如酱油，味鲜美，故称笋油。

②盖：连词，承接上文说明原因。

③润：细腻光滑。

④厚：指味道浓，醇。

⑤山僧：住在山里的僧人。

⑥受用：享受、享用。

⑦鲜致：少有能得到。

【译文】

南方地区制作咸笋干，煮笋的原汁和酱油没有什么差别，这是因为煮笋时换笋不换汁的缘故，所以汤汁颜色发黑细腻光润，味道鲜美醇浓，比酱油更好吃，是上好的调味品。山里的僧人享用的多，民间少有能得到的。

糟[1]

【注释】

①糟：做酒剩下的渣子。

甜　糟[1]

【原文】

上白江米[2]二斗，浸半日，淘净蒸饭，摊冷入缸，用蒸饭汤一小盆作浆，小面[3]六块，捣细，罗末拌匀，中挖一窝，周围按实，用草盖[4]盖上。勿太冷太热，七日可熟。将窝内酒娘[5]撇起，留糟。每米一斗，入盐一碗，橘皮末量加，封固。勿使蝇虫飞入。听用[6]。

【注释】

①甜糟：即醪糟，江米酒。

②上白江米：上等白糯米。

③小面：酒曲。

④草盖：用草编织的盖子。

⑤酒娘：即“酒酿”，江米酒。

⑥听用：等候使用。

【译文】

上等的白糯米二斗，浸泡半天，淘干净，蒸成饭，摊开冷却后放入缸中。用一小盆蒸饭汤作为浆。酒曲六块，捣成细末，用罗筛后，和江米饭拌匀，在江米饭中间挖一个窝，周围按紧，用草盖把缸盖严。温度不要太冷太热，七天就能熟了。把窝里的酒酿盛出来，把糟留在缸里。每一斗米，加一碗盐，加适量橘皮末，封严，以免苍蝇等虫子飞进去。等需要的时候取用。

糟　油

【原文】

作成甜糟十斤，麻油五斤，上盐[①]二斤八两，花椒一两，拌匀。先将空瓶用希布[②]扎口贮瓮内，后入糟封固。数月后，空瓶沥满，是名糟油，甘美之甚。

【注释】

①上盐：上等的好盐。

②希布："絺（chī）布"之误，一种细葛布。

【译文】

做好的甜糟十斤，加入五斤麻油，二斤八两好盐和一两花椒拌匀。先把空瓶子用细葛布扎住口放在大瓮里，然后把拌好的甜糟倒入瓮中，密封。几个月以后，空瓶中就沥满了油，这种油就叫作糟油，甘美至极。

浙中[1]糟油

【原文】

白酒甜糟（用不榨者）五斤，酱油二斤，花椒五钱，入锅烧滚，放冷滤净，与糟内[2]所淋无异。

【注释】

①浙中：指浙江。

②糟内：如前文所说把瓶子放在甜糟里取糟油的方法。

【译文】

把白酒甜糟（用没有榨过汁的）五斤，酱油二斤，花椒五钱，一块放入锅里烧开。放冷后再滤掉渣子，这样制出的糟油和在糟内慢慢沥出的糟油没有什么不同。

嘉兴糟油

【原文】

十月，白酒内澄出浑脚[1]，并入大罐。每斤入炒盐五钱，炒花椒一钱，乘热撒下封固，至初夏取出，澄去浑脚收贮。

【注释】

①浑脚：酒器底部含部分沉淀物的较浑浊的酒。

【译文】

十月间，把酒坛中的白酒澄出底部较浑浊的部分，一起装入大罐子里。按每斤酒加入五钱炒盐、一钱花椒的比例，将炒过的花椒和盐趁热撒入罐中，把罐密封严实。到初夏的时候取出来，澄去浑浊的部分不要，将澄清后的糟油收贮起来。

醋

七七醋①

【原文】

黄米②五斗，水浸七日，每日换水。七日满，蒸饭，乘热入瓮，按平封闭，次日番转③，第七日再番，入井水三石，封。七日搅一遍，又七日再搅，又七日成醋。

【注释】

①七七醋：经七七四十九天制成的醋。

②黄米：黍米的俗称，淡黄色，为黄色小圆颗粒，直径大于粟米（即北方俗称的小米）。黄米有粳性与糯性之分。粳性黍为非糯质，不黏，一般供食用。糯性黍为糯质，性黏，磨米去皮后称作大黄米或软黄米，用途广泛，可磨面做糕点，古代也广泛用于酿酒。

③番转：即翻转。

【译文】

黄米五斗，用水泡七天，每天换水，第七天用泡好的黄米蒸成饭，趁热装入瓮里，把饭按平后密封。第二天翻转一次，到第七天再翻转，然后加入井水三石后密封。第七天搅一次，过七天再搅一次，再过七天醋就做好了。

懒醋

【原文】

腊月[1]黄米一斗，煮糜[2]，乘热入陈粗曲[3]末（三块），拌入罐，封固。闻醋香，上榨[4]，干糟留过再拌。

【注释】

①腊月：这里指做醋的时间。

②糜：烂。

③曲：制醋的曲子。

④榨：即“榨子”，压出物体汁液的器具。

【译文】

腊月取黄米一斗，煮到米烂，趁热放入陈的较粗的醋曲末（三块捣粗末），拌匀装入罐中，密封严实。能闻到醋香之后打开，将发酵好的黄米用榨子榨出醋液，剩下的干糟留下来再拌。

大麦醋

【原文】

大麦蒸一斗，炒一斗，晾冷，入曲末八两，拌匀入罐。煎滚水四十斤，注入。夏布[①]盖，日晒（移时向阳[②]）。三七日[③]成醋。

【注释】

①夏布：以苎麻为原料编织而成的麻布。因麻布常用于夏季衣着，凉爽适人，又俗称夏布、夏物。

②移时向阳：移动物体使随时能晒到太阳。

③三七日：二十一天。

【译文】

大麦，蒸熟一斗，炒熟一斗，晾冷后加入醋曲末八两，拌匀装入罐中。烧开水四十斤，倒进罐里，用夏布盖住罐口，放在太阳下晒（注意移动罐子使其能随时晒到太阳）。二十一天就成醋了。

收醋法[1]

【原文】

头醋[2]滤清，煎滚入瓮。烧红火炭一块投入，加炒小麦一撮，封固。永不败[3]。

【注释】

①收醋法：贮存醋的方法。

②头醋：制作醋时，第一遍出来的醋。

③败：坏。

【译文】

把第一遍制出的醋过滤澄清，烧开之后装入瓮中。烧红火炭一块投进瓮里，再加入炒过的小麦一撮，封严实，永远不坏。

芥　辣

制芥辣[①]

【原文】

二年陈芥子研细，用少水调，按实[②]碗内，沸汤注三五次，泡出黄水，去汤，仍按实。韧纸[③]封碗口，覆[④]冷地上。少顷，鼻闻辣气，取用淡醋解[⑤]开，布滤去渣。加细辛[⑥]二三分更辣。

【注释】

①芥辣：芥末。

②按实：用手（把芥末）压实。

③韧纸：韧性好，沾水不易坏掉的纸。

④覆：此处指碗口朝下倒盖在地上。

⑤解：澥，化开，这里指将按紧的芥子块调散。

⑥细辛：药材名，可促芥末之味上窜。

【译文】

二年的陈芥子研成细末，用少量水调湿润，

放在碗里按紧。把滚开的水倒进去，泡出黄水后，把黄水倒掉，这样三到五次后仍在碗里按紧。用韧性好的纸封住碗口，使碗口朝下倒盖在冷的地面上，过一会儿鼻子闻到辣气就取出按紧的芥末块用淡醋调化，然后用布滤后去掉渣子，芥辣就做好了。加入两三分细辛，味道更辣。

又

【原文】

芥子一合①，入盆擂②细，用醋一小盏，加水和调。入细绢，挤出汁，置水缸内，用时加酱油、醋调和，其辣无比。

【注释】

①合：容量单位，十合为一升。

②擂：研磨。

【译文】

芥子一合，放入盆里研细末。用一小盏醋加水和芥子末混合调匀。用细绢包住，挤出汁，然后把挤去汁液的芥子放在水缸里保存。食用的时候加酱油、醋调拌，其辣无比。

梅　酱

梅　酱[1]

【原文】

三伏取熟梅捣烂，不见水[2]，不加盐，晒十日，去核及皮，加紫苏[3]，再晒十日收贮。用时或盐或糖，代醋亦精。

【注释】

①梅酱：用梅子制成的酱。

②不见水：不沾水。

③紫苏：中药名，古代常用作调料。

【译文】

三伏天取成熟的梅子捣烂，不要沾到水，不要加盐，晒十天。去掉梅核和皮，加入紫苏，再晒十天收起来贮存，食用时放盐或糖。替代醋用也很好。

梅 卤[1]

【原文】

腌青梅卤汁至妙，凡糖制各果[2]，入汁少许，则果不坏，而色鲜不退。代醋拌蔬更佳。

【注释】

①梅卤：腌渍青梅后的汁子。卤，咸汁。这里指腌渍青梅后留下的浓汁。

②糖制各果：用糖腌渍各种水果，即蜜饯。

【译文】

腌酸青梅后的卤汁太好了，凡制作各种水果蜜饯，加入梅卤少许，水果就不会变质，而且颜色鲜艳不褪色。替代醋来拌蔬菜更好。

豆

豆 豉[1]

【原文】

大青豆（一斗，浸一宿，煮熟。用面五升，缠豆[2]

摊席上，晾干，楮叶[3]盖好。发中[4]黄[5]勃[6]淘净）、苦瓜皮（十斤，去内白[7]一层，切丁，盐腌，榨干）、飞盐（五斤，或不用）、杏仁（四两、煮七次，去皮尖。若京师甜杏仁，止泡一次）、生姜（五斤，刮去皮，切丝）、花椒（半斤，去梗目）、薄荷、香菜、紫苏（三味不拘[8]俱切碎）、陈皮（半斤，去白切丝）、大茴香、砂仁（各二两）、白豆蔻（一两，或不用）、官桂（五钱），合瓜豆拌匀，装罐。用好酒好酱油对和加入，约八九分满。包好，数日开看。如淡加酱油，如咸加酒。泥封晒。伏制秋成。美味。

【注释】

①豆豉：豆豉是中国汉族人民的特色发酵豆制品调味料。古代称为“幽菽”，也叫“嗜”。

②缠豆：指把豆子沾裹满面粉。

③楮叶：楮树的叶子。

④发中：在豆子发酵期间。

⑤黄：豆子发酵时产生的“黄衣”。

⑥勃：猝然，这里是赶快的意思。

⑦内白：苦瓜皮里面的一层白膜。

⑧不拘：随意，不管多少。

【译文】

大青豆（一斗，用水泡一夜，煮熟。用五升面粉和蒸熟的青豆拌和，使面粉沾裹住豆子，摊在席上晾干，用楮叶盖好。当豆子上面产生“黄衣”后，要赶快淘洗干净）、苦瓜皮（预先做好，用十斤瓜皮，去掉里面的白膜，切成丁，用盐腌好，榨干水分）、细盐（放入五斤，可以不用）、杏仁（把四两杏仁，煮七次，去掉皮和尖。如果是京师里出产的甜杏仁，只泡一次即可）、生姜（把五斤生姜刮去皮，切成丝）、花椒（半斤花椒，拣去细梗和黑籽）、薄荷、香菜、紫苏（以上三种原料用量不限多少，都切碎）、陈皮（用半斤，去掉皮内的白膜，再切成丝）、大茴香、砂仁（以上两种原料各需二两）、白豆蔻（只用一两，也可以不用）、官桂（用五钱），把以上各种原料与瓜豆拌匀，装到罐子里。再把好酒、好酱油等量混和在一起加入罐中，大约有八九分满，包好。过几天打开看一看，如果淡的话，就加一些酱油；如果咸的话，就加一点酒。再用泥封起来，放在太阳下晒。夏天制作秋天就做好了。

红蚕豆

【原文】

白梅一个，先安[1]锅底，次将淘净蚕豆入锅，豆中作窝[2]，下椒盐、茴香于内。用苏木煎水，入白矾少许，沿锅四边浇下，平豆为度[3]。烧熟，盐不泛[4]而豆红。

【注释】

①安：安放，放在。

②作窝：挖一个窝。

③平豆为度：以和蚕豆相平为标准、为限度。

④泛：冒出，透出。

【译文】

白梅一个，先放在锅底，再把淘洗干净的蚕豆放入锅中，在蚕豆中间挖一个窝，把椒盐、茴香放在窝中。用苏木熬水，熬好后加少量白矾，然后沿着锅边浇下去，水量以和蚕豆相平为标准。（锅置火上烧煮）烧熟之后，盐不会冒出来而且蚕豆颜色发红。

凤凰脑子①

【原文】

好腐腌过，洗净晒干，入酒娘糟②。糟透③，妙甚。

【注释】

①凤凰脑子：指用下述方法制出的豆腐。

②糟：用酒或糟腌渍食品。

③糟透：指完全腌渍入味。

【译文】

好豆腐腌了，洗干净以后晒干，加入酒酿再进行腌渍。糟到豆腐完全入味，其味非常之妙。

【补注】

本条做法极不详细，没有说明腌渍豆腐所需的材料及过程，也没有说明入糟腌渍的细节，为了便于读者能有详细的了解，便于制作，将详细制法列出，因文字简明易懂，故不译。《养小录》参《食宪》而成书，《食宪鸿秘》中载有“凤凰脑子”一方，其方法是“好腐腌过，洗净，晒干。入酒酿、糟，糟透，妙甚。每腐一斤，用盐三两，腌七日一翻，再腌七日，晒干。将酒酿连糟捏碎，一层糟，一层腐，入坛内。越久越好。每二斗料酒酿，糟腐二十斤。腐须定做极干，盐卤沥者。酒酿用一半糯米，一半粳米，则耐久不酸”。

薰豆腐

【原文】

好豆腐压极干，盐腌过，洗净晒干，涂香油薰之，妙。

【译文】

把质量好的豆腐压很干，用盐腌后，洗干净晒干，再涂上香油用柴火熏，味道很好。

冻 腐

【原文】

严冬将腐浸水内，露[1]一夜。水冰而腐不冻，然腐气[2]已除。味佳。

【注释】

①露：露天放置。

②腐气：指豆腥气。

【译文】

严寒的冬天把豆腐浸泡在水里，露天放置一夜。水结了冰而豆腐却没有冻成冰，但豆腐的豆腥味已经除掉了。味道很好。

腐　干

【原文】

好腐干用腊酒娘[①]、酱油浸透。取出，切小方块，以虾米末、砂仁末掺上薰干，熟香油涂上，再熏。用供翻牒[②]，奇而美。

【注释】

①腊酒娘："娘"同"酿"。腊月酿造的醪糟。

②翻牒：翻转叠起。"牒"同"叠"，指一层一层地叠放。

【译文】

把质量好的豆腐干，用腊月里酿造的醪糟和酱油浸透。取出后，切成小方块，用虾米末、砂仁末掺拌后熏干，把炼熟冷却的香油涂在面上，

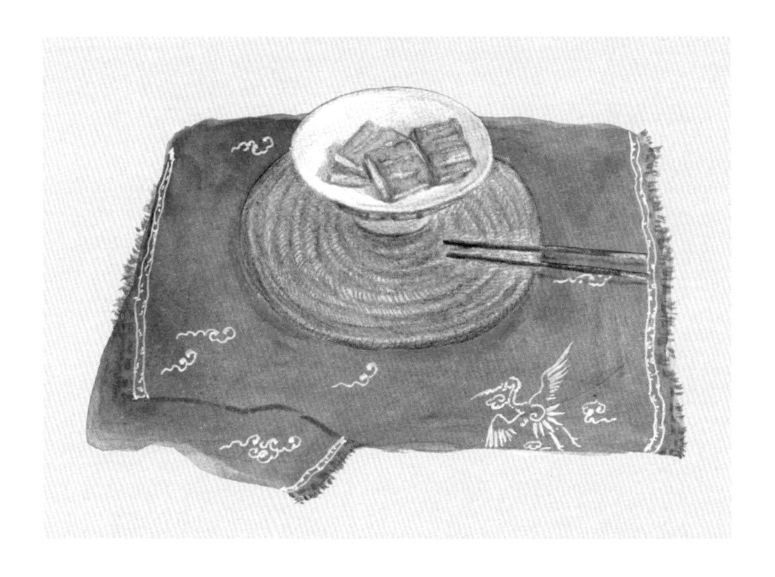

再熏。吃的时候翻装在碟中，又好看又好吃。

响面筋

【原文】

面筋切条压干，入猪油炸过，再入香油炸。笊[1]起椒盐[2]、酒拌。入齿有声，坚脆好吃。

【注释】

①笊：即笊篱，用竹篾、柳条、铅丝等编成的一种勺形用具，能漏水，可以在汤水里捞东西。

②椒盐：常用调味品，小中火将花椒粒与盐炒约一两分钟至花椒香气溢出，即成椒盐。

【译文】

把面筋切成条压干，放到猪油里炸，再放到香油里炸。用笊篱捞出来，用椒盐和酒拌匀。嚼起来会发出清脆的声音，又坚又脆，十分好吃。

薰面筋

【原文】

面筋切小方块，煮过，甜酱酱[1]四五日，取出，浸鲜虾汤内一宿，火上烘干，再浸虾汤内，再烘十数遍，入油略沸，薰食，亦可入翻碟。

【注释】

①酱：动词，腌的意思。

【译文】

把面筋切成小方块，用水煮过，抹上甜酱腌四五天，取出，在鲜虾汤里浸泡一夜，然后放火上烘干，烘干后又浸泡到鲜虾汤内，再烘上十来次，放到锅里用油稍微炸一下，就可以熏制食用了，也可以翻转装盘。

麻 腐[1]

【原文】

芝麻略炒，和水磨细，绢滤去渣，取汁煮熟，加真粉少许，入白糖饮，或不用糖，则少用水，凝作腐[2]，或煎或煮，以供素馔[3]。

【注释】

①麻腐：芝麻豆腐。

②凝作腐：凝固成豆腐的样子。

③素馔：即素食。

【译文】

芝麻稍微炒一下，加水磨细，用绢滤去渣子取芝麻汁。煮熟后加真粉少许，加白糖喝。或者不加糖，那就少加水，凝固成豆腐的样子，可以煎，可以煮，用作素食。

粟腐[①]

【原文】

罂粟子[②]，如制麻腐法，最精。

【注释】

①粟腐：罂粟子制作的豆腐状食品。这是古人食谱，为尊重原作，予以保留。现禁种禁食罂粟，请勿效仿。

②罂粟子：罂粟的种子。

【译文】

把罂粟子用制作麻腐的方法，制成粟腐，最为精美。

粥

暗香粥[1]

【原文】

落梅瓣，以绵[2]包之，候煮粥熟下花，再一滚[3]。

【注释】

①暗香粥：用蜡梅花做的粥。暗香，指蜡梅花，见“暗香汤”注释。

②绵：丝绵。这里是指丝织品。

③滚：煮开。

【译文】

把落下的蜡梅花花瓣，用丝织品包起来。等到粥煮熟的时候下入包好的梅花，再烧开一次（就可以吃了）。

木香粥[1]

【原文】

木香花片，入甘草汤焯[2]过，煮粥熟时入花，再一

滚，清芳之至，真仙供也。

【注释】

①木香粥：用木香花做的粥。

②焯（chāo）：指把蔬菜放到沸水中略微一煮就捞出来。

【译文】

木香的花片，放入甘草汤中焯一下。粥煮熟的时候下入花片，再烧开，味道清香到了极点，真是仙人的供品。

粉

藕　粉

【原文】

以藕节[1]浸水，用磨[2]一片架缸上，以藕磨擦，淋浆[3]入缸，绢袋绞滤，澄[4]去水，晒干。每藕二十斤，可成一斤。

【注释】

①藕节：这里是指一节节的藕。

②磨：磨子。上下两片圆盘相合，中间有轴，推转上面一扇盘，用以碾碎粮食。一片即只用下面的一片。

③淋浆：藕浆淋下来。

④澄：将液体沉淀后挡住容器内的沉淀物，把液体倒出。

【补注】

取用老藕更佳。

【译文】

把一节节的藕浸泡在水里。再把一片磨子架在缸上，用藕在磨盘上反复摩擦，擦出的藕浆淋入缸中，然后把藕浆用绢袋装起来拧绞过滤，使藕粉沉淀后倒掉水，把沉淀下来的藕粉湿块晒干。二十斤藕，可以制成一斤藕粉。

松柏粉

【原文】

带露取嫩叶捣汁，澄粉[1]作糕。用之，绿香可爱。

【注释】

①澄粉：把粉从水中澄出，去掉水。

【译文】

采摘带着露水的松柏嫩叶捣汁，澄出松柏粉，去掉水，做成糕。用松柏粉做成的糕点颜色嫩绿清香可爱。

饵[1]之属

【注释】

①饵：指糕饼类食物。

顶酥饼

【原文】

生面，水七分，油三分，和稍硬，是为[1]外层（硬则入炉时，皮能顶起一层。过软则粘不发松）。生面，每斤入糖四两，油和，不用水，是为内层。擀须开折[2]，多遍则层多，中实[3]果馅。

【注释】

①是为：这就是。

②开折：对折。

③实：填充，填满。

【译文】

用生面，加入七分水，三分油，和得稍硬一点，这就是饼的外层（和得硬，入炉烤饼时，外皮就能顶起一层酥皮；面和得太软，就粘得不发松）。生面每斤加糖四两，用油和面，不用水，这是饼的内层。擀饼的时候，面要对折，对折的次数多，饼的层数就多，内层中填满包裹馅。

雪花酥饼

【原文】

与“顶酥饼”同法，入炉候边干为度，否则破裂。

【译文】

和顶酥饼相同的做法，入炉中以饼边缘烤干为标准，否则饼会破裂了。

【补注】

《食宪鸿秘》中“雪花酥饼”记有使饼极酥之法，言：皮三瓤七则极酥。

薄脆饼

【原文】

蒸面每斤入糖四两、油五两，加水和，擀开半指厚，取圆[1]，粘芝麻入炉。

【注释】

①取圆：把面饼擀成圆形。

【译文】

每斤蒸面加入糖四两、油五两，加水揉和，和好的面擀成半指厚，做成圆形，沾上芝麻后入炉烘烤。

果馅饼

【原文】

生面六斤，蒸面四斤，脂油三斤，蒸粉二斤，温水和，包馅入炉。

【译文】

生面粉六斤、蒸面四斤、猪油三斤、蒸粉二斤，用温水和好，包裹馅后入炉烘烤。

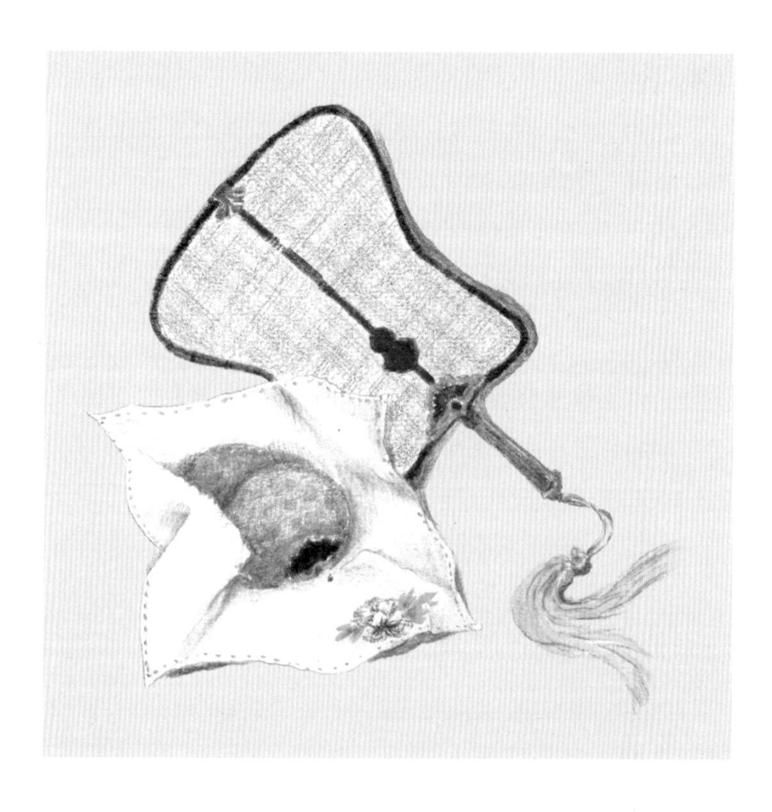

粉　枣[1]

【原文】

江米（晒变色，上白者佳）磨细粉称过，滚水和成饼，再入滚水煮透，浮起取出，冷[2]，每斤入芋汁七钱，搅匀和好，切指顶大[3]，晒极干，入温油慢泡，以软为度。渐入热油，后入滚油，候放开[4]，仍入温油，候冷取出，白糖掺粘[5]。

【注释】

①粉枣：类似现在的江米条。因其块小而长似枣，外面沾一层白糖如粉状，故称“粉枣”。

②冷：让刚煮出来的江米饼凉透。

③指顶大：指尖大。

④放开：膨胀发大。

⑤白糖掺粘：撒入白糖，使其沾满在粉枣表面。

【译文】

把江米（晒到变颜色。颜色很白的最好）磨成细粉，称了斤两后，用开水和成饼。再把饼放在开水中煮透，等饼在锅中浮起来，就把它取出晾凉。按每斤米七钱的比例加入山芋汁，搅和均匀，切成像指头尖大小的块儿，晒得极干，再放到温油中慢慢地浸泡，以江米块发软为限度。发软捞出后，慢慢地放入热油中，再捞出放进滚油中，等它膨胀发大，再捞出放入温油中，等它冷却后捞出，撒上白糖，使白糖沾满它的表面，即成粉枣。

玉露霜

【原文】

天花粉①四两，干葛②一两，桔梗③一两（俱为末），豆粉十两，四味搅匀。干薄荷用水洒润，放开收水迹，铺锡盂④底，隔以细绢，置粉于上。再隔绢一层，又加薄荷，盖好封固。重汤⑤煮透，取出冷定⑥，隔一二日取出，加白糖八两，和匀印模⑦。

【注释】

①天花粉：药材名，葫芦科植物栝蒌的根，具有清热、解渴、解毒、消肿等功效。

②干葛：即干葛根，是一味中药，有“亚洲人参”之美誉，葛粉称之为“长寿粉”，其性凉，味甘辛，有解表退热，生津、透疹、升阳止泻等多种功能。

③桔梗：桔梗科，多年生草本植物。中医学上以根入药，性平、味苦辛，功能宣肺、祛痰，排脓。

④锡盂：锡制的盂。盂，敞口的盛物品的器皿。

⑤重汤：即隔水蒸煮。

⑥冷定：完全冷却。

⑦印模：带有形状或花样的模具。

【译文】

天花粉四两、干葛根一两、桔梗一两（都碾成粉末）、豆粉十两，四味混合搅拌均匀。干薄荷用水洒润，叶子舒展开后收干上面的水迹，铺在锡盂的底部，薄荷上铺一层细绢，把拌匀的粉末铺在细绢上；粉上再铺一层细绢，绢上再加一层薄荷，然后盖好密封，隔水蒸煮透，把锡盂取出来放凉。过一二天取出熟粉，加入白糖八两和匀，用模具压印成型。

松子海啰干

【原文】

糖卤入锅，熬一饭顷[①]。搅冷，随手下炒面，旋[②]下剁碎松子仁，搅匀，泼案上（先用酥油抹案）擀开，乘温切作象眼块[③]。

【注释】

①一饭顷：一顿饭的时间。

②旋：很快，紧接着。

③象眼块：像大象眼睛一样形状的棱形块。

【译文】

把糖卤放入锅中，熬一顿饭的工夫，然后搅拌使它冷却，边搅边放入炒好的面粉，紧接着放入剁碎的松子仁。搅拌均匀后，泼在案板（先用酥油抹案板）上擀开，趁热切成象眼块。

【补注】

《食宪鸿秘》《遵生八笺》皆有起糖卤法，《食宪》方简，纯以白糖和水熬制，《遵生》方详尽，以牛乳或鸡子清调水熬制，亦可用黑砂糖熬制。个人认为，《遵生》起糖卤制法

更为精当且甜味醇浓。

晋府千层油旋烙饼

【原文】

白面一斤，白糖二两（水化开），入香油四两，和面作剂[1]，擀开。再入油成剂，擀开。再入油成剂，再擀……如此七次。火上烙之，甚美。

【注释】

①剂：即剂子。做馒头、饺子和饼等面食时，从和好的长条形的面上分出来的小块。

【译文】

白面一斤、白糖二两（用水化开），加入四两香油和面做成剂子，擀开；再加入油做成剂子，再擀开；再加油做成剂子，再擀开……这样反复七次。做好的面饼在火上烙熟，很好吃。

光烧饼

【原文】

每面一斤，入油半两，炒盐一钱，冷水和，擀开。

鏊[1]上熯[2]，待硬缓火烧熟。极脆美。

【注释】

①鏊：烙饼的器具，用铸铁做成，平面圆形，中心稍凸。

②熯：煎炒或烤干食物。

【译文】

每一斤面，加油半两，炒盐一钱，用冷水和面，擀做饼状，放在鏊上烘烤。等到面饼变硬改用小火烤熟。非常脆美。

水明角儿[1]

【原文】

白面一斤，逐渐撒入滚汤，不住手搅成稠糊，划作一二十块。冷水浸至雪白，放稻草上，摊出水，豆粉对配[2]，作薄皮，包馅，笼蒸，甚妙。

【注释】

①水明角儿：如现在的烫面蒸饺。

②对配：等量相配。

【译文】

把一斤白面，慢慢地撒入滚开的水中，不停

手地搅成稠糊。把稠糊划成一二十个小块，用冷水浸泡到颜色雪白，放到稻草上，渗出水后用与面等量的豆粉和面块揉到一起，擀成薄皮，包入馅子，用笼蒸熟，很好吃。

【补注】

明代《遵生八笺》中水明角儿以糖果做馅，本书和《食宪鸿秘》皆不限馅料种类，清代《调鼎集》将水明角儿归入馄饨之列，可知清代以来多用肉馅或咸味馅料。

酥黄独

【原文】

熟芋[①]切片。榛[②]松杏榧[③]等仁为末、和面拌酱，油炸。香美。

【注释】

①芋：芋头。

②榛：榛子。落叶灌木或小乔木，小坚果近球形，可食用。

③榧：即“香榧”。紫杉科，常绿乔木。种子供食用，也可榨油或入药。

【译文】

把熟山芋切成片，再把榛子、松子、杏仁、香榧子等果仁碾成碎末，和到面里拌上酱，（将切好的芋片在面酱里拖一下）用油炸熟，香甜美味。

【补注】

①有言此处“芋”为“山芋”，即红薯者，或因见“酥黄”二字，实不然。名有“黄”字，因油炸后的金黄色泽。多方参合古籍，《山家清供》亦记有酥黄独，制法与本书无异，但后有诗云：“雪翻夜钵裁成玉，春化寒酥剪作金。”可知所切芋片色如玉，不应是红薯。

②原书酥黄独做法有不明处，对照《山家清供》和《遵生八笺》，原文“和面拌酱，油炸”一句，或为脱文，应为“和面拌酱，拖芋片、油炸”。

阁老饼

【原文】

糯米淘净，和水粉之[①]。沥干，计粉二分[②]，白面一分，其馅随用，熯[③]熟。软腻好吃。

【注释】

①和水粉之：和着水一起磨成粉。粉，名词用作动词。

②分：同“份”。

③熯：烘烤。

【译文】

把糯米淘洗干净，和着水一起磨成粉，沥干成粉块，用糯米粉二份，白面一份混合做饼，饼里的馅随意选用。做好后烤熟食用，口感柔软细滑好吃。

核桃饼

【原文】

胡桃[①]肉去皮，和白糖捣如泥，模印[②]，稀不能持[③]。蒸江米饭，摊冷，加纸一层，置饼于上，一宿饼实[④]，而江米反稀。

【注释】

①胡桃：即核桃。

②模印：用模具压印成需要的形状和图案。

③持：用手拿。

④实：干而紧实，与前文的“稀”相对。

【译文】

核桃肉去掉薄皮，加白糖混合捣成泥状，用模具压印成型，压好的饼太稀软，拿不起来。蒸糯米饭，蒸熟后摊开晾凉，饭上铺一层纸，把压印好的核桃饼放在纸上。过一晚上核桃饼就紧实了，而糯米饭反而变稀软了。

蒸裹粽

【原文】

白糯米蒸熟，和白糖拌匀。以竹叶裹小角儿，再蒸。或用馅。蒸熟即好吃矣，如剥出油煎，则仙人之食矣。

【译文】

把白糯米蒸熟，和入白糖拌匀，再用竹叶裹成小角儿，再蒸。也可以包馅。蒸熟就好吃。如果剥出粽子油煎，就是仙人的食物了。

橙　糕

【原文】

黄橙四面用刀切破，入汤煮熟，取出，去核捣烂，加白糖，稀布[1]裂[2]汁，盛瓷盘，再炖过，冻就[3]切食。

【注释】

①稀布："絺布"之误。即细葛布。

②裂：当为"滤"之误。

③冻就：冻好。指凝固成冻。

【译文】

黄橙子四面用刀切破，放到热水中煮熟，然后取出来去掉核捣烂，再加入白糖，用细葛布沥出汁水，装在瓷盘里，再炖，炖好凝结成冻后切着吃。

梳儿印

【原文】

生面、绿豆粉停对[1]，加少薄荷末同和，搓成条，如箸头大，切二分长。逐个用小梳掠齿[2]印花纹。入油炸熟，漏杓捞起，乘热洒白糖拌匀。

【注释】

①停对：指分量各占一半。停，同样分量。

②掠齿：用梳齿轻轻压一下。

【译文】

生面粉和绿豆粉各半，加少许薄荷末一同揉和成团，然后搓成筷子头粗，再切成二分长的面段。逐个用小梳子印出花纹，放到油锅里炸熟，用漏勺捞起，趁热撒入白糖拌匀。

卷之中

蔬之属

腌菜法

【原文】

白菜一百斤，晒干，勿见水，抖去泥，去败叶。先用盐二斤，叠[①]入缸，勿动手。腌三四日，就卤[②]内洗净，加盐层层叠入罐内。约用盐三斤。浇以河水。封好，可长久（腊月作）。

【注释】

①叠：一层加上一层，重复累积。此处指一层白菜一层盐重复地放置。

②卤：即缸内渗出的盐水。

【译文】

一百斤白菜，晒干以后，不要沾水，抖去泥土，去掉坏叶子，先用二斤盐，一层白菜一层盐叠入缸中，不要用手翻动。腌上三四天以后，就着渗出的盐卤把菜洗净，然后再加盐，还是一层菜一层盐地叠放进瓦罐中，大概要用三斤盐。叠放完菜叶后浇入河水，把罐子密封好，能长久存放（腊月里制作）。

又法

【原文】

冬月白菜，削去根，去败叶，洗净挂干[①]。每十斤盐十两。用甘草数根，先放瓮内，将盐撒入菜丫内[②]，排叠瓮中。入莳萝[③]少许（椒末亦可），以手按实，及半瓮，再入甘草数根，将菜装满，用石压面。三日后取菜，搬叠别器内（器须洁净，忌生水），将原卤浇入。候七日，依前法搬叠，叠实，用新汲[④]水加入，仍用石压。味美而脆。至春间食不尽者，煮晒干、收贮。夏月温水浸过，压去水，香油拌匀，入瓷碗，饭锅蒸熟，味尤佳。

【注释】

①挂干：挂起来晾干。

②菜丫内：指白菜的叶片之间。

③莳萝：香料名，即土茴香。

④汲：从井中取水。

【译文】

冬天的大白菜，削去根，去除烂叶，洗干净后挂着晒干。每十斤白菜用盐十两。拿几根甘草，先放在瓮里。把盐撒进白菜的叶片之间，把白菜一排一排叠放到瓮中。加土茴香少许（花椒末也可以）。用手把菜按紧实。装到半瓮时，再加入几根甘草，然后把菜装满，用石头压在菜上面。三天后取出白菜，叠放到另一个容器里（这个容器必须干净，不能沾生水），把之前腌菜的卤水倒进去。等上七天，再依照前面的方法将白菜搬出重新叠放、压紧，加入新取的井水，仍然用石头压在上面。腌好后，味道美而脆。到春天吃不完的腌白菜，用水煮了，晒干收贮。夏天用温水泡了、压干水分，用香油拌匀，装入瓷碗，放在饭锅里蒸熟，味道特别好。

菜齑[1]

【原文】

大芥菜洗净，将菜头十字劈开。萝卜紧[2]小者，切作两半，俱晒去水迹，薄切小方寸片，入净罐，加椒末、茴香，入盐、酒、醋。擎罐[3]摇播[4]数十次，密盖罐口，置灶上温处。仍日摇播一转。三日后可吃，青白间错[5]，鲜洁可爱。

【注释】

①菜齑：切碎的菜。

②紧：此处指萝卜嫩。因萝卜老了会空心，则不紧。

③擎罐：把罐向上托起来，举起来。

④摇播：摇晃簸动。“播”即“簸”。

⑤间错：相交错杂。

【译文】

大芥菜洗净，把菜头十字劈开。小而嫩的萝卜，切成两半，都晒去表面的水迹。然后把菜头切成方寸大小的薄片，装入干净的罐子，加进花椒末和茴香，再加入盐、酒、醋。把罐举起来，摇晃簸动几十次，把罐口盖严，放在灶上温暖的地方。仍然每天摇簸一转。三天后就可以吃。腌好的菜，青色和白色相互错杂，新鲜清洁可爱。

干闭瓮菜

【原文】

菜十斤，炒盐四十两，入缸。一皮[1]菜，一皮盐。腌三日。搬入盆内，揉一次，另搬迭一缸。盐卤另贮。又三日，又搬又揉，又迭过，卤另贮。如此九遍，入瓮，迭菜一层，撒茴香、椒末一层，层层装满，极紧实。将原汁卤每瓮入三碗，泥起[2]，来年吃，妙之至。

【注释】

①一皮：一层。

②泥起：用泥封起。

【译文】

菜十斤，炒盐四十两，装入缸内。一层菜，放一层盐。腌三天，搬到盆子里，揉一次。依次放到另一口缸中，盐卤另外贮存起来。再过三天，又搬又揉，又依次放到另一口缸里，盐卤另外贮存。这样反复九遍后，装入瓮里，叠一层菜，撒入一层茴香、花椒末，这样层层装满，压得很紧实。再把原来的盐卤每瓮倒入三碗，用泥封好瓮口，第二年吃，味道美妙到了极点。

闭瓮芥菜①

【原文】

菜净阴干，入盐腌。逐日加盐揉七日，晾去湿气。用姜丝、茴香、椒末拌入。先以香油装罐底一二寸方入菜，筑实②极满。箬衬口③，竹竿十字撑起。覆④三日，沥出油，仍正放。添原汁⑤，三日倒一次。如此者三。泥头⑥。五日可开用。

【注释】

①芥菜：这里是指大叶的芥菜。

②筑实：（将菜）按实，压实。

③箬衬口：用箬叶从里向外托住罐口。

④覆：倒置。

⑤原汁：指腌菜时腌出的汁液。

⑥泥头：用泥封住罐口。

【译文】

芥菜洗干净，阴干，放盐腌渍。每天加盐揉，揉上七天以后，晾去湿气，把姜丝、茴香、花椒末拌进去。准备一个罐子，先把香油倒入罐中约一二寸高，再把腌过的菜放进去，把菜压紧并装得很满。用干箬叶衬在罐口，再用竹竿做十字形将箬叶撑住，把菜罐倒置三天，使油沥出，然后再正放，把沥出的油汁加进去。三天倒一次，就这样反复三次，用泥封住罐口。五天后可打开食用。

水闭瓮菜

【原文】

大科[①]白菜，晒软去叶。每科用手裹成一窝，入花椒、茴香数粒。随迭瓮内，满，用盐筑口上[②]，冷水灌满。十日倒出水一次，倒过数次，泥封。春月供妙。

【注释】

①科：应为“棵”之误。

②筑口上：填在瓮口。

【译文】

大棵的白菜，晒软后去掉外面的叶子，用手把菜叶裹成团，塞进几颗花椒、茴香。然后叠放在瓮内，放满后，把盐填在瓮口，用冷水灌满。每十天倒一次水，倒几次后，用泥封住瓮口，春季食用很妙。

覆水辣芥菜

【原文】

菜嫩心切一二寸长，晒十分干。炒盐挐透，加椒茴末拌匀，入瓮，按实。香油满浇瓮口，俟[①]油沁[②]下，再停一二日，以箬盖好，竹签十字撑紧。将瓮覆盆内，俟油沥下七八（油仍可用），另用盆水覆瓮，入水一二寸。每日一换水，七日取起。覆粗纸上，去水迹净，包好泥封。入夏取供，鲜翠可爱。切细，好醋浇之，酸辣醒酒，佳品也。

【注释】

①俟：等待。

②沁：渗入，浸润。

【译文】

芥菜的嫩心切成一二寸长，晒到十分干（干透），用炒盐把菜渍透，加花椒末和茴香末拌匀，装进瓮里，按紧实。在瓮口浇满香油，等油渗下去，再放一二天，用箬叶把瓮盖好，再用竹签交叉呈十字状撑紧。然后把瓮倒扣在一个盆子里，等油沥下七八分时（沥出的油还可以使用），另外拿个装了水的盆子，把瓮倒扣在盆水中，瓮入水一二寸深。每天换一次水，第七天把瓮拿起来，把菜倒在粗纸上，等水迹被吸干净，再包好用泥封起来。到了夏天拿出来食用，颜色鲜翠可爱。把菜切细后用好醋浇在上面，酸辣醒酒，真是好东西啊！

撒拌和菜法

【原文】

麻油加花椒，熬一二滚收贮。用时取一碗入酱油、醋、白糖，调和得宜，拌食绝妙。凡白菜、豆芽、甜菜、水芹，俱须滚汤焯过，冷水漂过[①]，抟干[②]入拌。脆而可口，配以腐衣、木耳、笋丝，更妙。

【注释】

①冷水漂过：用冷水过一下。

②抟干：此处指用手把菜揉成团挤干。抟，把东西揉弄成球形或团状。

【译文】

芝麻油中加花椒，熬一二滚后收好贮藏。用的时候舀一碗，放入酱油、醋、白糖，调和好了用来拌菜味道特别好。凡是白菜、豆芽、甜菜、水芹菜，都要在开水中略煮，然后在冷水中过一下，再用手捏团起来挤干水分，倒入调好的味汁拌匀，脆嫩可口。配上豆腐皮、木耳、笋丝，更好吃。

细拌芥

【原文】

十月内，切鲜嫩芥菜，入汤一焯即捞起，切生莴苣，熟香油、芝麻、飞盐拌匀，入瓮。三五日可吃，入春不变。

【译文】

十月里，把鲜嫩的芥菜切碎，放到开水中焯一下立即捞起来，切生莴苣，放入熟香油、芝麻、细盐拌匀，装入瓮中。三五天即可食用，到春天也不会坏。

焙[1]红菜

【原文】

白菜去败叶、茎及泥土净，勿见水，晒一二日，切碎，用缸贮。灰火[2]焙干，以色黄为度，约八分干。每斤用炒盐六钱揉腌，日揉三四次，揉七日，拌茴椒末，装罐筑实，箬叶竹撑，罐覆月许[3]，泥封。入夏供，甜，香美，色亦奇。

【注释】

①焙：用微火烘烤。

②灰火：指炉灶里炉灰微微的余火。

③月许：一个月左右。

【译文】

白菜把烂叶、茎和泥土清除干净，不要沾

水，晒一二天。把菜切碎，用缸装起来，灰火上焙干，到颜色发黄即可，大约八分干。每斤菜用炒盐六钱揉进去腌好，每天揉三四次，揉上七天，拌入茴香末和花椒末，装罐压紧实，（装满后）用箬叶在罐里盖住菜叶，再用竹竿十字撑好。把罐口朝下倒置一个月左右，用泥密封罐口。到夏天食用，味甜而香美，颜色也奇特。

水　芹

【原文】

取肥嫩者晒去水气，入酱。取出薰[1]食，妙。或汤内加盐焯过，晒干，入茶供，亦妙。

【注释】

①薰：疑为“蒸”之误。

【译文】

挑选肥嫩的水芹菜，晒去水汽，放入酱油。再取出来蒸着吃，很不错。或者在开水中加盐焯一下，再晒干，放到茶里喝，也很好。

生　椿

【原文】

香椿细切，烈日晒干，磨粉。煎腐[1]中入一撮，不见椿而香。

【注释】

①煎腐：煎豆腐。

【译文】

香椿切得很细，在烈日下晒干，磨成粉。煎豆腐中放入一撮，看不见香椿却有香椿的香味。

赤根菜[1]

【原文】

只用菠菜根，略晒，微盐[2]揉腌，梅卤稍润入瓶。取供，色红可爱。

【注释】

①赤根菜：即菠菜。

②微盐：很少的盐。

【译文】

只取菠菜根，略微晒一下，用一点盐揉匀腌好，加一点梅卤稍微把菜根润一下，装瓶。取来食用，颜色鲜红可爱。

蚕豆苗

【原文】

蚕豆嫩苗，或油炒，或汤焯拌食，俱佳。

【译文】

蚕豆的嫩苗，或者用油炒，或者在开水中焯过凉拌食用都不错。

瓜

瓜茄生

【原文】

染坊沥过淡灰，晒干。用以包藏生茄子、瓜，至冬月如生，可用。

【译文】

染房沥取淡灰，晒干。把生茄子和瓜类包在灰里储藏，到冬天仍像新鲜的一样，可以食用。

酱王瓜

【原文】

甜酱瓜，用王瓜[①]。脆美胜于诸瓜。

【注释】

①王瓜：即黄瓜。

【译文】

甜酱腌瓜，瓜要用王瓜。酱好的王瓜口感脆美，胜过其他各种瓜。

瓜　齑

【原文】

生菜瓜，随瓣切开去瓤，入百沸汤[①]焯过。每斤用盐五两，擦腌过。豆豉末半斤，醋半斤，面酱斤半，马芹[②]、川椒、干姜、陈皮、甘草、茴香各半两，芜荑[③]二两，共末。拌瓜入瓮，按实。冷处放半月后熟。瓜色如

琥珀，味香美。

【注释】

①百沸汤：即久沸的水。

②马芹：即水芹，野芹菜。

③芜荑：一种中药。味辛，有杀虫、消积的功效。

【译文】

生菜瓜，顺瓜瓣纹路切开去掉内瓤，放进久沸的水中焯一下。焯过的瓜瓣每斤用盐五两揉擦后腌起来。取半斤豆豉末、半斤醋、一斤半面酱，把马芹、川椒、干姜、陈皮、甘草、茴香各半两、芜荑二两一起碎成末。用以上调料和菜瓜拌匀装入瓮中，按实，在冷的地方放置半个月后瓜齑就做好了。瓜的颜色像琥珀，味道香美。

煮冬瓜

【原文】

老冬瓜去皮切块，用最浓肉汁煮，久久色如琥珀，味方美妙，如此而冬瓜真可食也。

【译文】

老冬瓜削去皮切块状，用最浓的肉汁煮，煮很久直到冬瓜的色泽像琥珀一样，味道才美妙，这样煮出来的冬瓜真值得一吃啊。

煨[1]冬瓜法

【原文】

老冬瓜一个，切下顶盖半寸许，去瓤子，净。以猪肉或鸡鸭，或羊肉，用好酒、酱、香料、美汁调和，贮满瓜腹，竹签三四根，将瓜盖签牢。竖放灰堆内，用砻糠[2]铺底及四围，窝到瓜腰以上。取灶内灰火，周回焙筑[3]，埋及瓜顶以上，煨一周时[4]，闻香取出。切去瓜皮，层层切下，供食。内馔[5]外瓜，皆美味也。酒肉山僧[6]，作此受用。

【注释】

①煨：在带火的灰里烧熟食物。

②砻糠：即砻糠，谷粒上剥落下来的皮或壳。砻，又名“木礧”，是用于去除稻壳的农具。

③焙筑：此处应为“培筑”。

④一周时：指满一个时辰，即满两小时。

⑤内馔外瓜：里面的菜品外面的冬瓜肉。

⑥酒肉山僧：山里的酒肉和尚。

【译文】

老冬瓜一个，切下半寸多高的顶盖，掏净瓤子，洗干净。把猪肉或是鸡鸭，或是羊肉，用好酒腌一下、加香料、鲜汤调和，把冬瓜肚装满，用三四根竹签，把瓜盖插牢固定。（准备一些灶灰，）把冬瓜竖放在灶灰堆里。把谷壳铺在冬瓜的底部和周围，一直捂到冬瓜腰部以上。取出灶内的灰火，培筑在用谷壳窝好的冬瓜周围，一直埋到瓜顶以上，煨两小时，闻到香味后，就把冬瓜取出来，切去瓜皮不要，把冬瓜肉一层一层切下来，用于食用。里面的肉食和外面的冬瓜，都是美味。山里的酒肉和尚，常做煨冬瓜来享用。

姜

糟　姜[1]

【原文】

姜一斤，不见水，不损皮，用干布擦去泥，社日[2]前晒半干。一斤糟，五两盐，急拌匀装入罐。

【注释】

①糟姜：用糟腌渍的生姜。糟，用酒或糟腌渍食物。

②社日：古时春、秋两时祭祀土神的日子，一般在立春、立秋后的第五个戊日。分别大致在春分、秋分前后。

【译文】

取一斤生姜，不要沾水，不要损伤外皮，用干布擦掉姜上的泥，在社日之前晒得半干。用一斤酒糟、五两盐，迅速和生姜拌匀装入罐中。

【补注】

原文或有脱字，“社日前晒半干”应为“秋社日前晒半干”。《食宪鸿秘》中“糟姜”一节有写明是在秋社日前晒半干，即秋分前。

脆姜

【原文】

嫩姜去皮，甘草白芷[1]零陵香[2]少许，同煮熟切片。

【注释】

①白芷：一种中药、味香，亦可作食用香料。

②零陵香：药食两用芳香植物，可作调料。

【译文】

把嫩生姜刮去皮，加入少许甘草、白芷和零陵香，一同煮熟，再切成片。

醋姜

【原文】

嫩姜盐腌一宿。取卤同米醋煮数沸，候冷入姜，量加沙糖[1]封贮。

【注释】

①沙糖：即砂糖。

【译文】

嫩姜，用盐腌一晚上。把腌出的盐水和米醋

一块儿煮开几下，等冷却后把腌过的姜放进去，酌量加入砂糖密封贮存。

糟　姜

【原文】

嫩姜勿见水，布拭去皮。每斤用盐一两、糟三斤，腌七日，取出拭净。另用盐二两、糟五斤拌匀，入别瓮。先以核桃二枚，捶碎，置罐底，则姜不辣。次入糟姜，以少熟栗末掺上，则姜无渣。封固收贮。如要色红，入牵牛花拌糟。

【译文】

嫩生姜不要沾水，用布拭去外皮。每斤生姜用盐一两，酒糟三斤，腌七天，取出来擦干净。另用二两盐和五斤酒糟拌匀，装入另外的瓮里。（装糟之前）先把两枚核桃捶碎，放在瓮底，可以使生姜不辣。然后把糟姜放进去，把少许熟栗子末撒在上面，糟姜不会掉渣。把瓮口密封贮存。如果希望颜色红一点，可以加牵牛花拌入酒糟。

茄

糟茄

【原文】

诗[①]曰：五（五斤）糟六（六斤）茄盐十七（十七两），一碗河水（四两）甜如蜜。作来如法收藏好，吃到来年七月七（二日即可吃）。

以霜天[②]小茄肥嫩者去蒂萼，勿见水，布拭净。入瓷盆，如法拌匀，虽用手不许揉挐。三日后茄作绿色，入罐，原糟水浇满，封，月许可用。色翠绿、味美，佳品也。

【注释】

①诗：厨师圈中流传的自编的烹饪歌诀。

②霜天：指霜降时节。

【译文】

歌诀曰：五（五斤）糟六（六斤）茄盐十七（十七两），一碗河水（四两）甜如蜜。做来如法收藏好，吃到来年七月七（二日即可吃）。

把深秋季节的肥嫩小茄子去掉蒂萼，不要沾

水，用布擦净，放到瓷盆里，照歌诀所说的方法拌匀。即使用手拌，也不能揉。三天后，茄子变成绿色，放进罐里，用之前的糟水灌满，密封，一个月左右就可以食用了。颜色翠绿味道鲜美，真是美味啊。

蝙蝠茄

【原文】

嫩黑茄，笼蒸一炷香[1]，取出压干，入酱。一日取出，晾去水气，油炸过，白糖、椒末层迭装罐，将原油[2]灌满。妙。

【注释】

①一炷香：点完一炷香的时间。古时一炷香的时间有不同说法，有说等于现在的一小时，有说即现在的三十分钟，也有说等于五分钟。此处联系上下文，当为五分钟，因为嫩茄如果蒸上三十分钟，一压也成泥了，无法压干、油炸。

②原油：指之前炸茄子的油。

【译文】

嫩黑茄子，上笼蒸一炷香的时间，取出来，

压干水分，放到酱里腌一天再取出来。晾干水汽，用油炸过，然后铺一层白糖和花椒末，再铺一层茄子，这样堆叠装到罐子里，把之前炸茄子的油倒满罐子。很好吃。

囫囵肉茄

【原文】

嫩大茄留蒂，上头切开半寸许，轻轻挖出内肉，多少随意。以肉切作饼子料[①]，油、酱调和得法，慢慢塞入茄内。作好，叠入锅内，入汁汤烧熟，轻轻取起，叠入碗内。茄不破而内有肉，奇而味美。

【注释】

①饼子料：即肉馅。

【译文】

选嫩的大茄子，保留茄蒂。在茄子头顶上切开半寸左右，轻轻地挖出里面的茄肉，多少随意。把肉切成肉馅，用油和酱调好味，慢慢地塞到茄子里。做好后，一个个地叠入锅中，放入汤汁烧熟，然后轻轻取出来，叠放在碗内。茄子没破，里面还包有肉。奇特而且味道鲜美。

绍兴酱茄

【原文】

麦一斗煮熟，摊[1]七日，磨碎。糯米烂饭一斗，盐一斗[2]，同拌匀，晒七日。入腌茄，仍晒之。小茄一日可食，大者多日。

【注释】

①摊：摊开。此处指摊开晾干。

②盐一斗：此处之“斗”疑为“斤”之误。

【译文】

麦子一斗煮熟，摊开晾七天，磨碎。煮烂的糯米饭一斗和一斤（？）盐与磨碎的麦粒一同拌匀，晒七天，把腌过的茄子放进去，继续晒。小茄子一天就可以食用，大茄子需要多晒几天。

蕈[1]

【注释】

①蕈：生长在树林里或草地上的某些高等菌类植物，伞

状，种类很多，无毒可食。如香菇、松蕈等。

香蕈粉[1]

【原文】

香蕈或晒或烘，磨粉入馔内，其汤最鲜。

【注释】

①香蕈粉：用香蕈磨成的粉，可以作调料。香蕈，高等菌类，种类很多，有的可以吃，如香菇。

【译文】

把香蕈晒干或烘干，磨成粉放入食物中，食物的汤汁最鲜美。

薰[1] 蕈

【原文】

南香蕈肥白[2]者，洗净晾干，入酱油浸半日取出，阁[3]稍干，掺茴、椒细末，柏枝薰。

【注释】

①薰：同“熏”。用燃烧木柴、炭火等散出的烟和热烤熟食物。

②肥白者：香蕈非白色，与《食宪鸿秘》勘对，此处应为“肥大者”。

③阁：此处同“搁”，放置的意思。

【译文】

选肥大的南香蕈，洗净晾干，放到酱油里浸泡半天后取出来，放置一会儿，等香蕈稍微干一些，掺入茴香、花椒的细末，用柏枝熏制。

醉香蕈

【原文】

拣净水泡，熬油炒熟。其原泡水，澄去滓，仍入锅。收干[1]取起，停冷[2]，以冷浓茶洗去油气，沥干，入好酒娘、酱油醉之。半日味透。素馔中妙品也。

【注释】

①收干：把菜品里的汤汁慢慢熬干，都收入菜里。

②停冷：放置等到自然冷却。

【译文】

把香蕈拣干净，用水泡开，然后熬好油把泡好的香蕈（捞起来）炒熟。原来泡香蕈的水，澄清去掉渣子，放入锅中（和香蕈一起烧）。收干汤汁，把香蕈盛出，放冷，用冷浓茶洗去油气，沥干水分，放入质量好的酒酿和酱油腌醉。半天就腌入味。这道菜是素食中的妙品啊！

酱麻姑[1]

【原文】

择肥白者，洗净蒸熟，甜酒娘、酱油泡醉[2]。美哉。

【注释】

①麻姑：即麻菇，又名草菇、兰花菇、秆菇、南华菇、美味苞、脚菇等。是高温型草菇类食用菌，味道鲜美，性味甘、凉，含多种蛋白质和氨基酸，有益肠胃、补气血之功。

②泡醉：用酒把食物泡透使其充满酒味。

【译文】

选择又肥又白的麻菇，洗干净后蒸熟，然后用酒酿和酱油把麻菇泡透。太好吃了。

笋

笋　粉

【原文】

鲜笋老头差嫩[1]者，以药刀[2]切作极薄片，筛内晒干极，磨粉收贮，或调汤，或顿蛋[3]，或拌肉内，供于无笋时，何其妙也。

【注释】

①差嫩：不够嫩、欠嫩，即有点老的意思。

②药刀：切中药材的刀。

③顿蛋："顿"同"炖"，顿蛋即"蒸蛋羹"。

【译文】

选鲜竹笋老的那头不够嫩的部位，用切中药材的刀切成极薄的片，放在筛子里晒到极干，磨成粉收存。用笋粉调汤，或者蒸鸡蛋羹，或者拌到肉里，在没有笋的时候食用，是何其美妙啊。

带壳笋

【原文】

嫩笋短大者，布拭净。每从大头挖至近尖[①]，以饼子料肉[②]灌满，仍切一笋肉塞好，以箬包之，砻糠[③]煨热[④]。去外箬，不剥原枝[⑤]，装碗内供之。每人执一案[⑥]，随剥随吃，味美而趣。

【注释】

①近尖：接近笋尖的部位。

②饼子料肉：指剁好的肉馅。

③砻糠：稻谷碾磨后脱下的外壳。

④热：或为“熟”之误。

⑤原枝：嫩笋本身。

⑥案：木制的盛食物的矮脚托盘。《史记·田叔列传》：“赵王张敖自持案进食。”

【译文】

选又短又肥大的嫩笋，用布擦净，每一根都从大头挖空到靠近笋尖的位置。把肉馅填满笋，然后切一块笋肉塞好，用笋壳包起来，用谷壳煨

熟。吃的时候去除外面的笋壳，但不要剥去嫩笋本身的皮，装碗供食用。每人拿一个托盘，一边剥一边吃，味道鲜美而且有趣。

薰 笋

【原文】

鲜笋肉汤煮熟，炭火薰干，味淡而厚。

【译文】

鲜笋用肉汤煮熟，再用炭火熏干，味道清淡而醇香。

生笋干

【原文】

鲜笋去老头，两擘[1]，大者四擘。切二寸许，盐揉透晒干。

【注释】

①擘：分开。这里指把笋剖成两半。

【译文】

鲜笋去掉老头，剖成两半，大的剖成四瓣，

切二寸左右，用盐揉透后晒干。

生淡笋干

【原文】

鲜笋皮尖，晒干瓶贮，不用盐，亦不见火。山僧法也。

【译文】

鲜竹笋尖带皮，直接晒干后装到瓶子里贮存，不用盐制，也不用火熏。这是山里和尚制笋干的方法。

笋　鲊[1]

【原文】

春笋剥取嫩者，切一寸长，四分阔，上笼蒸熟。入椒盐香料拌，晒极干，入罐，量浇熟香油，封好。久用[2]。

【注释】

①鲊：一种用米粉、面粉等加盐及其他料拌制的菜。这里的笋鲊指腌渍过的笋。

②久用：长时间食用。

【译文】

剥取鲜嫩的春笋，切成一寸长、四分宽，上笼蒸熟，加入椒盐和香料拌匀，晒到极干，装入罐中。酌量浇入炼熟的香油，密封好。做好的笋鲊可长时间食用。

糟　笋

【原文】

冬笋勿去皮，勿见水，布拭净。以箸搠[①]笋内嫩节[②]，令透。入腊香糟[③]于内，再以糟团笋外，大头向上入罐泥封。夏用。

【注释】

①搠（shuò）：扎，捅。

②笋内嫩节：竹笋内部细嫩的部位。

③腊香糟：腊月酿造的香糟。香糟，酿黄酒剩下的酒糟封陈半年以上，即为香糟，香味醇浓，和醇黄酒一样有调味作用。

【译文】

冬笋不要去皮，不要沾水，用布擦干净。用

筷子戳笋内的细嫩部位，使穿透。把腊月酿造的香糟装进去，再用香糟裹住笋的外面，将笋的大头朝上放入罐中，用泥封好罐口，夏天食用。

卜

醉萝卜

【原文】

线茎[1]实心者，切作四条，线穿晒七分干。每斤用盐四两，腌透，再晒九分干，入瓶捺[2]实，八分满。用滴烧酒浇入，勿封口。数日后，卜气发臭，臭过[3]作杏黄色，即可食。甜美。若以绵[4]包老香糟塞瓶上，更妙。

【注释】

①线茎：细长的，长条形（萝卜）。

②捺：用手重按，使劲压。

③臭过：臭气过了，散发完了。

④绵：指棉纱。

【译文】

长的实心萝卜，切成四条，用线穿起来晒到

七分干。晒过的萝卜每斤用盐四两腌透，再晒到九分干，装到瓶子里使劲按紧，装八分满。把滴烧酒浇进瓶子，不要封口。几天以后，萝卜散发出臭味。臭味散发完了萝卜就变成杏黄色，就可以吃了。醉萝卜味道甜美。如果用棉布包了老香糟塞住瓶口，味道更妙。

腌水卜

【原文】

九月后，水卜①细切片，水梨切片，停配②，先下一撮盐于罐底，入卜一层，加梨一层，迭满。五六日发臭，七八日臭尽。用盐、醋、茴香、大料煮水，候冷灌满。一月后取出，布裹捶烂。用以解酒，绝妙。

【注释】

①水卜：即水萝卜，通常指红皮白肉的萝卜。

②停配：指两种原料等量相配。

【译文】

九月以后，把水萝卜细细切片，水梨也切成片，等量。先放一撮盐在罐底，然后放入一层

萝卜，加入一层梨，一直这样重复装满。五六天后就会发臭，七八天后臭味就没了。用盐、醋、茴香、大料煮水，煮好冷却后灌满装萝卜和梨的罐子。一个月以后取出来，用布裹着萝卜和梨捶烂。这个用来解酒，特别好。

餐芳谱

【原文】

凡诸花及苗、叶、根，与诸野菜药草，佳品甚繁。采须洁净，去枯蛀虫丝[①]。勿误食。制须得法，或煮或烹[②]、燔[③]、炙[④]、腌、炸。

凡食芳品，先办汁料：每醋一大钟，入甘草末三分，白糖一钱，熟香油半盏和成，作拌菜料，或捣姜汁加入，或用芥辣[⑤]，或好酱油、酒娘[⑥]，或一味糟油[⑦]，或宜椒末，或宜砂仁，或用油炸。

凡花菜采得洗净，滚汤一焯即起，亟[⑧]入冷水漂半刻，搒干[⑨]拌供，则色青翠，脆嫩不烂。

【注释】

①丝：花草中虫子吐出的丝。

②烹：一种做菜方法，先用油略炒，再加入酱油等作料迅速搅拌，随即盛出。

③燔：烧烤。

④炙：烧，烤。

⑤芥辣：芥末。调味品，详见《芥辣》一文。

⑥酒娘：即酒酿，醪糟，江米酒。

⑦一味糟油：单纯使用糟油。一味，仅仅，单纯的。糟油，以甜糟为主料制成的油。详见前《糟油》一文。

⑧亟：急迫地，不容迟缓地。

⑨抟干：用手把东西团起来挤干。抟，揉弄成球形或团状。

【译文】

大体而言，各种花和它们的苗、叶、根以及各种野菜中，可用于食用的好品种很多。采摘时要注意干净，去掉枯叶和被虫蛀过的部分，去掉虫丝，不要误食。制作菜品要采用合适的方法，可以煮可以烹，可以烧可以烤，可以腌渍还可以油炸。

但凡食用花草，要先备好汤汁佐料：每一

大盅醋，加入甘草末三分，白糖一钱，熟香油半杯，一起调和，作为拌菜的料汁；也可以捣碎生姜，压出姜汁加入料汁中，或者加入芥末，或者加入好的酱油和酒酿，或者只加入糟油；有的适合放花椒末，有的适宜放砂仁；也可以直接用油炸。

凡是花菜采回来洗干净后，在滚开的水中焯一下就要捞出来，立即放到冷水中漂一会儿，用手团起来挤干水分，凉拌食用。这样做出来的菜品就会就颜色青翠，口感脆嫩并且外观不糊烂。

牡丹花瓣

【原文】

汤焯可，蜜浸可，肉汁脍[①]亦可。

【注释】

①脍：此处应为“烩”，一种烹饪方法。菜炒熟后加芡粉拌和。

【译文】

牡丹花瓣在沸水中焯一下吃也行，用蜜浸泡后吃也适合，用肉汁烩了吃也可以。

兰　花

【原文】

可羹[1]可肴，但[2]难多得耳。

【注释】

①羹：羹汤。一种黏稠浓汤，主要由肉、菜及勾芡调和，亦能加面成为面羹，另有甜如豆沙、糖等做成的甜食。

②但：只是，但是。

【译文】

兰花可以做羹汤，也可以用来做菜肴，只是这种东西比较难以多得。

玉兰花瓣

【原文】

面拖[1]油炸，加糖。先用笊一掏，否则炮。

【注释】

①面拖：在面糊中拖一下。

【译文】

把玉兰花在面糊中拖一下后油炸，后加糖食

用。先用笊篱一舀，否则就炸过了。

迎春花

【原文】

热水一过，酱醋拌供。

【译文】

迎春花在热水里过一下，用酱油、醋拌和了供食用。

蜡　梅[1]

【原文】

将开者，微盐挲[2]过，蜜浸，点茶[3]。

【注释】

①蜡梅：即腊梅。

②挲：这里是用手轻轻抓拌一下。

③点茶：将茶末置盏中，用沸水冲入，叫点茶或点汤。

【译文】

把将要开放的蜡梅花，用很少的盐轻轻地抓拌一下，再用蜂蜜浸泡，喝茶时，放一点在茶里。

萱　花[1]

【原文】

汤焯拌食。

【注释】

①萱花：此处指黄花萱草的花，也称金针菜，花蕾即日常所说的“黄花菜”，可做食用并供观赏。夏秋间开花，花漏斗状，橘红或橘黄色，无香气。

【译文】

萱花在热水中焯熟后用调料拌着食用。

【补注】

新鲜黄花菜含秋水仙碱，必须经高温烹煮熟后才能食用，故此处“汤”应为“沸汤”，即滚开的水。

萱　苗[1]

【原文】

春初苗茁[2]，五寸以内，如笋尖未甚豁开者，著土[3]摘下，初[4]不碍将来花叶也。汤焯拌供，肥滑甜美，佐以冬笋，风味佳绝。余名之曰“碧云菜”。

【注释】

①萱苗：金针菜的苗。

②茁：草木初生。

③著土：带土。著同“着”。

④初：这里指刚刚长出来的时候。

【译文】

初春，选取刚刚长出地面，高五寸以内，像笋尖还没太张开的萱草嫩苗，带着土把它摘下来。因为在萱草初生的时候，摘去它的嫩苗，不会妨碍将来花叶的生长。摘下的嫩苗用开水焯了拌着吃，口感肥滑甜美。配以冬笋，风味好到了极点。我把这道菜取名为“碧云菜”。

枸杞头①

【原文】

焯拌宜姜汁、酱油、微醋②。亦可煮粥。冬食子③。

【注释】

①枸杞头：枸杞头是指拘杞的嫩芽梢，属于木本芽苗菜。枸杞嫩芽梢不仅营养丰富，且具补肾养肝功效，是名贵的

食疗蔬菜，有清火明目之功，也可制干后泡水饮用。

②微醋：很少的醋。

③子：即枸杞的果实，俗称枸杞子。

【译文】

枸杞嫩芽在开水中焯熟后拌食，调料最适宜用姜汁、酱油和少量的醋。也可以煮粥。冬天食用枸杞子。

甘菊苗

【原文】

汤焯拌食。拖[1]山药粉油炸，香美。

【注释】

①拖：此处指在糊中拖过。

【译文】

甘菊苗在滚开的水中焯熟后拌调料食用。也可以在山药粉调成的糊中拖上糊油炸。味道香美。

【附注】

文中“山药粉”应为山药粉调成的糊，可参明代高濂

《遵生八笺》中做法："甘菊花春夏旺苗，嫩头采来……以甘草水和山药粉拖苗油焯，其香美佳甚。"

莼　菜[1]

【原文】

汤焯急起，冷水漂，入鸡肉汁、姜、醋拌食。

【注释】

①莼菜：又名"水葵"。睡莲科。水生宿根草本。叶片椭圆形，深绿色，浮于水面。嫩茎和叶背有胶状透明物质。春夏季时可采嫩叶食用，口感肥美滑嫩。

【译文】

莼菜在开水焯一下迅速捞出来，用冷水漂过，加入鸡汤、生姜和醋拌着吃。

野　苋[1]

【原文】

焯拌胜于炒食。胜家苋。

【注释】

①野苋：野生的苋菜。

【译文】

野苋菜用开水焯了加入调料拌食比炒的好吃。味道胜过家苋菜。

野白荠

【原文】

四时采嫩头。生、熟可食。

【译文】

四季采摘野白荠的嫩头食用。生、熟都可以吃。

菱[1]　科

【原文】

夏秋采嫩者去叶梗，取圆节，可焯可糟。野菜中第一品。

【注释】

①菱：俗称菱角，一年生水生草本植物。古人认为多吃菱角可以补五脏，除百病，且可轻身。

【译文】

夏、秋两季采嫩菱角除去叶和梗，只留下圆

节，可以焯，可以糟。是野菜中的第一佳品。

野萝卜

【原文】

似卜而小，根叶皆可食。

【译文】

野萝卜长得像萝卜但比萝卜小，它的根和叶都可以食用。

蒌　蒿

【原文】

春初采心苗[①]入茶最香，叶可熟食。春秋茎可做齑[②]。

【注释】

①心苗：刚抽出的嫩苗尖。

②齑：此指酸菜。

【译文】

初春采蒌蒿嫩苗的尖泡到茶里最香，叶子可以做熟了吃。夏、秋两季的茎可以做成酸菜。

茉　莉

【原文】

嫩叶同豆腐熝[1]食，绝品。

【注释】

①熝：古同“熬”，煮。

【译文】

把茉莉的嫩叶和豆腐一起煮着吃，绝品。

鹅脚花

【原文】

单瓣者可食，千瓣者伤人。焯拌，亦可熝食。

【译文】

鹅脚花长单层花瓣的可以吃；重瓣的食用会损伤人的身体。可以开水焯了拌食，也可以煮着吃。

金豆花

【原文】

采豆汤焯，供茶香美。

【译文】

采摘金豆儿用开水焯，泡茶喝很香美。

【附注】

参阅明代高濂《遵生八笺》，《金豆花》对应《金豆儿》一节，原书有注明“金豆儿即决明子”。

紫花儿

【原文】

花叶皆可食。

【译文】

花和叶子都可以食用。

红花子[①]

【原文】

采子，淘，去浮者，碓碎[②]。入汤泡汁，更捣更泡。取汁煎滚，入醋点住[③]。用绢挹[④]之，似肥肉。入素馔极佳。

【注释】

①红花子：红花的籽。红花，菊科。一年生草本植物。

②碓碎：舂碎。碓，碓窝，是一种石制、铁制或木制深窝状工具，有大小之别，配以杵（碓窝棒），用来舂米、面、花椒、辣椒粉等。

③入醋点住：加醋使汁液凝固。

④挹：同“抑”，抑制，这里是包紧的意思。

【译文】

采摘红花子，淘洗干净，去掉浮在水面的不饱满种子和杂物，然后舂成碎末。再加入热水泡出汁水，然后再舂再泡。泡好之后，取出汁子熬开，再加入一些醋，使它凝固。用绢把凝固的红花子汁包紧，做好后像肥肉。用来做素菜极好。

金雀花

【原文】

摘花，汤焯，供茶；糖醋拌，作菜甚精。

【译文】

采摘金雀花，用开水焯一下，可以当茶饮用；焯过以后用糖醋拌，当菜吃也十分精美。

金莲花

【原文】

浮水面者，夏采叶焯拌。

【译文】

浮出水面的金莲花，夏季采摘叶子用开水焯过以后，加调料拌食。

看麦娘[1]

【原文】

随麦生垄[2]上，春采熟食。

【注释】

①看麦娘：即山高粱，一年生草本植物，药食两用，有利湿、消肿、解毒的功效。

②垄：分开田亩的土埂，也叫田坎。

【译文】

看麦娘跟着麦子生长在田坎上，春天采摘做熟后食用。

狗脚迹

【原文】

叶形似之。霜降采熟食。

【译文】

狗脚迹的叶子很像狗的脚印。霜降前后可以采摘做熟后食用。

眼子菜[1]

【原文】

六七月采。生水泽中，青叶紫背[2]。茎柔滑、细长数尺。焯，拌。

【注释】

①眼子菜：多年生水生草本，生于静水池沼中。为常见的稻田杂草，全株可入药。

②青叶紫背：青色叶面，背面紫色。

【译文】

眼子菜在六七月间采摘。这种菜生长在水泽中，叶子正面青色，背面紫色。它的茎柔滑、细长，能长到几尺。用开水焯了，加调料拌食。

斜　蒿

【原文】

三四月生。小者全采，大者摘头。汤焯晒干，食时再泡，拌食。

【译文】

斜蒿三四月开始生长。采摘时，小株的整株剜采，大株的摘取顶端嫩茎叶。用开水焯了晒干。吃的时候再泡开，拌调料食用。

地踏菜[1]

【原文】

一名“地耳”，春夏生雨中，雨后采，姜醋熟食，日出即枯[2]。

【注释】

①地踏菜：又叫地耳，是一种美食，最适于做汤，别有风味，也可凉拌或炖烧。

②日出即枯：太阳出来就会很快干枯。

【译文】

地踏菜又叫“地耳”。春夏之际下雨的时候生长出来。雨停之后采摘。做熟了加姜、醋食用。长出的地耳太阳出来就很快干枯。

马兰头

【原文】

可熟，可齑，可焯，可生晒藏用。

【译文】

马兰头可以做熟了食用，可以做成酸菜，可以用开水焯一下再吃，可以生的晒干保存起来以后吃。

马齿苋

【原文】

初夏采，汤焯晒干，冬用。

【译文】

马齿苋在初夏采摘，开水焯一下后晒干，冬天食用。

窝螺荠

【原文】

正二月采，熟食。

【译文】

窝螺荠在正月和二月采摘，做熟食用。

茵陈蒿

【原文】

即“青蒿”，春采，和面作饼炊食。

【译文】

茵陈蒿就是“青蒿”，春天采摘，把它和在面里做成饼子烙熟了吃。

雁儿肠

【原文】

二月生，如豆芽菜。生熟皆可食。

【译文】

雁儿肠在二月里长出来，样子像豆芽菜。生

的、熟的都可以食用。

野茭白[1]

【原文】

初夏采。

【注释】

①野茭白，别称水笋、茭白笋、菰菜，南方地区又叫高笋。

【译文】

野茭白要在初夏的时候采摘。

【补注】

此节原文极不详，读者无法了然。经参阅古籍，将相关文字原文附录于此，以供读者对照了解：《野茭白菜》初夏生水泽旁，即茭芽儿也，熟食。（明代高濂《遵生八笺·饮馔服食笺》）

倒灌荠

【原文】

熟食，亦可作齑。

【译文】

倒灌荠可以做熟了吃，也可用来做酸菜。

苦麻薹

【原文】

二月采。叶捣，和作饼[①]，炊食。

【注释】

①和做饼：前人书中所列苦麻薹，此处皆为“和面做饼”，因尊重原著，不对原文做修改；为使读者明了食材的相关做法，特在译文中写明是与面粉相和。

【译文】

苦麻薹在二月份采摘。把它的叶子捣烂，与面粉和在一起做成饼，做熟了吃。

黄花儿

【原文】

正二月采，熟食。

【译文】

黄花儿在正月和二月时采摘，做熟后食用。

野荸荠[1]

【原文】

四月时菜，生熟可吃。

【注释】

①荸荠：古称凫茈，俗称马蹄，又称地栗，茨瓜儿。是莎草科荸荠属浅水性宿根草本，以球茎作蔬菜和水果食用，也可制作淀粉。皮色紫黑，肉质洁白，味甜多汁，清脆可口，自古有地下雪梨之美誉，北方人视之为江南人参。野荸荠即野生的荸荠。

【译文】

野荸荠一般在四月采摘，生的熟的都可以食用。

野绿豆

【原文】

茎叶似而差小[1]，蔓生，生熟可吃。

【注释】

①差小：相对小一些。

【译文】

野绿豆的茎叶像绿豆但比绿豆小。蔓生植物，生熟都可以食用。

油灼灼

【原文】

生水边，叶光泽如油。生熟皆可食，又可腌作干菜蒸吃。

【译文】

油灼灼生长在水边，它的叶子富有光泽像抹了油一样。生熟都可以食用，还能腌渍做成干菜蒸着吃。

板荞荞

【原文】

正二月采之，炊食。三四月不堪食矣。

【译文】

正月和二月时采摘板荞荞，做熟食用。三四月份的板荞荞就不好吃了。

碎米荠

【原文】

三月采，止可[1]作齑。

【注释】

①止可：只可以、只能够。“止”通“只”。

【译文】

碎米荠在三月时采摘，只能用来做酸菜。

天　藕

【原文】

根似藕而小，炊食，拌料亦佳。叶不可食。

【译文】

天藕的根像莲藕但比莲藕小。做熟了食用，拌着调料吃也不错。叶子不能食用。

蚕豆苗

【原文】

二月采，香油炒，下盐酱煮，略加姜葱。

【译文】

二月里采摘，用香油炒，然后加入盐和酱煮熟，做的时候略加一点葱和姜。

芙蓉花

【原文】

采瓣，汤炮[①]一二次，拌豆腐，略加胡椒，红白可爱，且可口。

【注释】

①汤炮："汤"此处应为"滚汤"，即开水；"炮"应为"泡"。意为用开水泡。

【译文】

采摘芙蓉花的花瓣，开水浸泡一两次，用来拌豆腐，稍微加一点胡椒，颜色红白相间，十分可爱，而且可口。

【补注】

明代高濂《遵生八笺·饮馔服食笺·芙蓉花》：采花，去心蒂，滚汤泡一两次……红白可爱。

葵　菜[1]

【原文】

比蜀葵丛短而叶大。取叶，与作菜羹同法。

【注释】

①葵菜：即“冬葵”。又叫冬苋菜、冬寒菜，为我国古代重要蔬菜之一。

【译文】

葵菜比蜀葵长得低矮，叶子比蜀葵叶大。采摘它的叶子，和做菜羹的方法一样做来食用。

苍耳菜

【原文】

嫩叶，焯洗，姜、盐、酒、酱拌食。

【译文】

摘取苍耳菜的嫩叶，洗净后用开水焯一下，加姜、盐、酒和酱拌食。

【补注】

此段追溯原本，有出入，附录于此：“采嫩叶，洗焯，

以姜盐苦酒拌食，去风湿。子可杂米粉为糗。”（明代高濂《遵生八笺·饮馔服食笺》）

饮食一道，调和诸味，纠食材之偏以养人。安五脏、宜气血、生肌肉。可食之材，少有无偏者。所谓“人参杀人无过，大黄救人无功”即此，苍耳亦如是。今人研究化验言其有毒，以为不可食，古药书也言“有小毒”，却是一味常用药材，有散风寒、通鼻窍、祛风湿、止痒之功。古人做菜食用，岂意服毒？开水焯后以姜、苦酒为调料，何尝不是取其姜醋解毒之功？药食同源，此处烹饪之法何尝不是药材炮制之意呢。苦酒为醋，非酒。不明究竟而意揣，却不知前人智慧之所在，当慎之。

牛蒡子[①]

【原文】

十月取根洗净，略煮勿太熟，取起匾[②]压干。以盐、酱、莳萝[③]、姜、椒、熟油诸料拌浸，一二日收起，焙干，如肉脯法[④]。

【注释】

①牛蒡子：是牛蒡的种子。牛蒡，菊科，二年生大型草

本植物。具粗大的肉质直根可供食用，中医学上以其种子入药，称为“牛蒡子”或“大力子”。

②匾：应为“扁”之误。

③莳萝：即土茴香。

④此处有版本为“味”字。

【译文】

十月份挖出牛蒡的根清洗干净，稍微煮一下，不要太熟。取出用槌捶扁压干。用盐、酱、莳萝、姜、椒、熟油等调料拌匀浸泡，一二天以后把菜取出，焙干，和制作肉脯的方法一样（吃起来和肉脯的味道差不多）。

槐角叶[①]

【原文】

嫩叶拣净，捣取汁，和面加酱作熟齑[②]。

【注释】

①槐角叶：即槐树叶。

②熟齑：此处指用槐叶汁和一些槐叶碎屑和面。

【译文】

把槐角嫩叶采摘下来，拣干净。捣碎之后把汁滤出来，用汁和好面团，加入酱做成熟齑。

【补注】

此段读来实不知所言者何，亦不明烹饪及食用之法，翻检查阅，终明其所以，补注他书原文于此。不明所以者，因前人收录时或凭己之意揣度删改或无意的衍文、脱文，而后人亦似是而非、以讹传讹之故。

“采嫩叶细净者，捣为汁，和面做淘，以醯酱为熟齑食。”（明代高濂《遵生八笺·饮馔服食笺》）文中“和面做淘”意为“和面做成凉面”，“醯酱”指醋和酱。亦指醋酱拌和的调料，“齑”指捣碎的用作调味的姜、蒜、韭菜等辛辣食物的碎末。所以此段槐角叶本来的食用方法是：采摘细嫩的槐树叶，捣成汁液，和面做成凉面，用醋酱加姜葱末之类的调料拌食。

锦带花

【原文】

采花作羹，柔脆可食。

【译文】

采摘锦带花作羹，脆嫩好吃。

椿 根

【原文】

秋前采。捣罗[1]和面切条，清水煮食。

【注释】

①捣罗：捣碎过罗筛出细粉。

【译文】

秋天之前挖采椿树根，用捣碎过罗后的细粉和面，切成面条，用清水煮熟食用。

玉簪花

【原文】

半开蕊，分作三四片。少加盐、白糖，入面调匀。拖花[1]煎食。

【注释】

①拖花：将花瓣在面浆里拖一下，使花瓣裹上面糊。

【译文】

采摘半开的玉簪花，分成三四片。加少量的盐和白糖与面粉调成面糊。把花瓣在面糊中拖过，放在锅里油煎食用。

凋菰米[1]

【原文】

即“胡穄”[2]也。晒干，砻[3]洗造饭，香不可言。

【注释】

①凋菰米：即“雕菰米”，“凋”为“雕”之误。禾本科，颖果狭圆柱形，名“菰米”，又称“雕胡米”。菰米可食用。

②胡穄：穄（jì），糜子，即黍之不黏者。“菰米”又称“胡”。

③砻：农具名，用于破谷取米。此处做动词，意为用砻去掉稻壳。

【译文】

雕菰米就是“胡穄”。晒干后去壳洗干净，做成饭香得难以言喻。

东风荠[1]

【原文】

采一二升，洗净，入淘米三合，水三升，生姜一芽头[2]，捶碎，同入釜[3]和匀，面上浇麻油一蚬壳[4]，再不可动，动则生油气。煮熟不著些盐、醋。若知此味，海味八珍，皆可厌也。此“东坡羹”也。即[5]述东坡语。

【注释】

①东风荠：即荠菜。

②一芽头：一块生姜上有数个芽头，一芽头即有一个芽头的大小，一小块。

③釜：古代炊事工具，类似现在的锅。

④蚬壳：蚬的壳子。蚬，软体动物，介壳圆形或心脏形，表面有轮状纹，壳外褐色，内紫色，肉可吃，和文蛤同类。生活在淡水中或河流入海的地方。

⑤即：这是。

【译文】

采荠菜一二升，洗干净。放入淘过的米三合，加入三升水。拿一小块生姜，捶碎做姜末，一起放入锅里搅和均匀。面上加一蚬壳麻油，不要再动，动了就会生出油气。煮熟后，不要放一点儿盐和醋。如果知道了这个味，海味八珍就都成了让人生厌的东西了。这就是“东坡羹”。前面的话，都是东坡说的。

【补注】

若读东坡之《东坡羹赋》，当知此非东坡羹也。东坡羹，老家所谓煮粑菜，下以锅煮菜，上以甑子蒸饭，于是饭有菜香，而菜有米香。

藤　花①

【原文】

搓洗净，盐汤、酒拌匀，蒸熟，晒干。留作食馅子甚美。腥用②亦佳。

【注释】

①藤花：指紫藤花，花繁而香甜，可供食用。在斋宴之中，紫藤花是堪比素八珍的美味。民间食用或水焯后凉拌，或者裹面油炸。

②腥用：搭配肉类做成菜品。

【译文】

把藤花洗干净，用盐水和酒拌匀，蒸熟之后晒干。留着作馅子吃，很鲜美。和肉一起做吃食也很好。

栀子花

【原文】

半开蕊，凡水[①]焯过，入细葱丝，茴、椒末，黄米饭，研烂，同盐拌匀，腌压半日食之。或用凡[②]焯过，用白糖和蜜入面，加椒盐少许，作饼煎食。亦妙。

【注释】

①凡水：为“矾水”之误。即白矾水。

②凡：白矾水，疑此字后脱漏一“水”字。

【译文】

采摘半开的栀子花，在白矾水中焯一下，加入细葱丝，茴香、花椒末，和黄米饭一起研烂，和盐一起拌匀，腌压半天就能食用。或者用白矾水把花焯了后，加入白糖和蜂蜜，一起与面和匀，再加入少许的花椒盐，做成面饼煎食，也好吃。

江　荠

【原文】

生腊月，生熟皆可食。花时[1]但可作齑。

【注释】

①花时：开花的时候。

【译文】

江荠生长在腊月，生熟都可以食用。开花的时候只能做成酸菜。

商　陆[1]

【原文】

采苗茎洗净，熟蒸，加盐料。紫色者味佳。

【注释】

①商陆：又称野萝卜、大苋菜、山萝卜。多年生粗壮草本植物。根肥厚，肉质，圆锥形。

【译文】

把商陆的苗和茎采摘下来，蒸熟，吃的时候加盐和其他调料。紫色的商陆味道好。

牛　膝[1]

【原文】

采苗如剪韭法，可食。

【注释】

①牛膝：也叫“怀牛膝”。苋科，多年生草本植物。

【译文】

像割韭菜那样割取牛膝的嫩苗，采下的苗可以食用。

防　风[1]

【原文】

采苗可作菜，汤焯，料拌，极去疯[2]。芽如胭脂可爱。

【注释】

①防风：植物名，可入药，有祛风解表，胜湿止痛，止痉的功效。

②去疯：祛风。防风作为中药主要功能是发汗、祛风、止痛和解痉。“疯”为“风”之误。

【译文】

防风的嫩苗采了可做菜食用，用开水焯后加调料拌食，极能祛风。防风的芽颜色像胭脂一样可爱。

苦益菜

【原文】

即胡麻。嫩叶作羹，脆滑大甘。

【译文】

苦益菜就是胡麻。用嫩叶做羹，口感滑脆，特别好吃。

芭　蕉

【原文】

根粘者为糯蕉，可食。取根切作大片，灰汁①煮熟，清水漂数次，去灰味尽，压干。以熟油、盐、酱、茴、椒、姜末研拌，一二日取出，少焙，敲软，食之全似肥肉。

【注释】

①灰汁：即把稻草烧成灰后，加入水。

【译文】

根黏的芭蕉是糯蕉，可以食用。把糯蕉的根切成大片，用草灰水煮熟，再用清水漂洗几次，等草灰的味道完全没有后，压干水分，和熟油、盐、酱、茴香、花椒、姜末一起研拌好，腌一两天后取出，在火上稍微烘一下，然后敲软。食用的口感完全和肥肉一样。

水　菜

【原文】

状似白菜。七八月间，生田头水岸。丛聚[1]，色青。焯、煮俱可。

【注释】

①丛聚：一丛一丛地聚集生长。

【译文】

水菜长得像白菜一样。七八月份的时候，生长在田边和水岸上。一丛丛地聚生在一起，颜色青绿。焯后食用和煮食都可以。

松花蕊

【原文】

去赤皮，取嫩白者蜜渍之。略煮[1]，令蜜熟，勿太熟，极香脆。

【注释】

①煮：此处应为“烧”，用火烧。

【译文】

松花中间的那条蕊，去除表面红色的皮，把白嫩的部分用蜂蜜渍。渍好后的松花蕊用火略微烧一下，把蜜烧熟，不要烧太熟（即将蜜烧到颜色金黄，不能烧焦发黑），吃起来极为香脆。

天门冬芽[1]、水藻芽[2]、荇菜芽[3]、蒲芦芽[4]

【原文】

以上俱可焯拌熟食。

【注释】

①天门冬芽：即天门冬的嫩芽。天门冬亦称“天冬草”，百合科，多年生攀援草本植物，地下有簇生纺锤形肉

质块根。叶退化，不显著。中医学上以块根入药，简称“天冬”，性寒，味甘苦，有养肺、滋肾等功能。

②水藻芽：即水藻的嫩芽。生长在水里的藻类植物的统称。

③荇菜芽：即荇菜之芽。荇菜，浅水性植物，叶片形如睡莲，茎叶花皆可食用，在上古是美食，《诗》云：“参差荇菜，左右采之。”

④蒲芦芽：即蒲芦的芽。蒲芦，瓠的一种，即“细腰葫芦”。

水 苔

【原文】

春初采嫩者漂净，石压。焯拌，或油炒，酱醋俱宜。

【译文】

初春的时候采摘嫩的水苔漂洗干净，用石头压起来。用开水焯过之后拌食。或者用油炒，放酱放醋，都很适宜。

【补注】

附《遵生八笺》中《水苔》原文于后，供同好参阅：春初采嫩者，淘择令极净，更要去沙石虫子，以石压干，入盐、油、花椒，切韭芽同拌入瓶，再加姜、醋，食之甚美。又可油炒，加盐酱亦善。

凤仙花梗

【原文】

汤焯，加微盐晒干，可留年馀。以芝麻拌供。新者可入茶，最宜拌面筋炒食。熝[①]豆腐，素菜，无一不可。

【注释】

①熝：把食物埋在灰火中煨熟。“草里泥封，塘灰中熝之。”——贾思勰《齐民要术》，此处指在火上煨熟。

【译文】

凤仙花梗用开水焯后捞起，加少许盐一起晒干，能存放一年多，用芝麻拌着吃。新鲜的可入茶饮用，最适合拌着面筋炒食。煨豆腐，作为素菜，怎么吃都可以。

灰苋菜[1]

【原文】

熟食，炒拌俱可，胜家苋。火证[2]者宜之[3]。

【注释】

①灰苋菜：野生的灰色苋菜。

②火证：中医学上认为温热病达到最甚的程度就是火证。

③宜之：适合吃它。

【译文】

灰苋菜做熟后食用。炒食、拌食都可以，比种植的家苋味道好。患火证的人很适宜吃这个菜。

蓬　蒿

【原文】

二三月采嫩头洗净，加盐少腌，和粉[1]作饼，香美。

【注释】

①粉：指米粉。

【译文】

二三月间采蓬蒿的嫩头洗干净，加盐稍微腌

一会儿，和米粉做成饼，味道香美。

【补注】

古人的“面”“粉”是有区别的，小麦磨成的称为“面”，谷类磨成的称为“粉”。米粉做成的饼直接蒸的话太过黏软不便食用，也不便烤，在《遵生八笺》收录的相关文字中，食用方法为做饼油炸，在此说明，以供参考。

鹅肠草

【原文】

焯熟，拌食。

【译文】

把鹅肠草在开水中焯熟，拌调料食用。

鸡肠草

【原文】

即钟子。蒂、花、根焯，拌食。

【译文】

鸡肠草就是钟子。它的蒂、花和根都可以食用，用开水焯后加调料拌食。

棉絮头

【原文】

色淡白，软如丝，生田埂上。和粉作饼。

【译文】

棉絮头的颜色淡白，柔软得像丝一样，生长在田埂上。可以同面粉和在一起做饼。

【补注】

《遵生八笺》中该条目原文如下：色白，生田埂上，采洗净，捣如绵，同粉面做饼。

荞麦叶

【原文】

八九月采嫩叶，熟食。

【译文】

八九月间采摘荞麦的嫩叶，做熟食用。

果之属

青脆梅

【原文】

青梅（必须小满[①]前采，总不许犯手[②]，此最要诀[③]）以箸去仁[④]，筛内略干。每梅三斤十二两，用生甘草末四两、盐一斤（炒，待冷）、生姜一斤四两（不见水，捣碎）、青椒三两（旋[⑤]摘晾干）、红干椒半两（拣净），一齐炒拌，用木匙抄入小瓶。先留些盐掺面。用双层油纸加绵纸紧扎瓶口。

【注释】

①小满：农历二十四节气之一，在每年五月二十一日前后（阳历）。

②犯手：用手触动、接触。

③要诀：关键的窍门、重要的诀窍。

④以箸去仁：用筷子去掉青果的核。

⑤旋：副词，临时地。

【译文】

青梅（必须在小满之前采摘，不能用手去触摸，这是最关键的窍门）用筷子去掉青梅的核，放在筛子里等它略干，每三斤十二两的青梅，用生甘草末四两、盐一斤（炒过后，等它冷却）、生姜一斤四两（不能沾水，捣碎）、青椒三两（要用的时候现摘晾干）、红干辣椒半两（拣干净），一齐炒拌后用木匙装进小瓶里。先留一点盐，等装好了瓶后，掺在青梅上面，再用双层油纸加上绵纸紧紧地扎住瓶口。

又 法

【原文】

矾水浸透粗麻布二块，先用炒盐纳[①]锡瓶底，上加矾布一块，以箸取生青梅放入，上以矾布盖好，以盐掺面封好。此法虽不能久[2]，然盛夏极热时，取以供客，有何不可。

【注释】

①纳：即“放进”的意思。

②久：此处指不能常久保存。

【译文】

用白矾水浸透两块粗麻布，先把炒好的盐放进锡瓶的底部，上面铺一块矾布，用筷子夹取生青梅放进去，青梅上面用矾布盖好。再把盐掺到上面然后封好瓶口。这种方法制作的青梅虽然不能保存太久，但在盛夏最热的时候，取出来待客，有何不可呢？

橙饼

【原文】

大橙子，连皮切片，去核捣烂，绞汁，略加水，和白面少许熬之。急剁、熟加白糖，急剁入瓷盆，冷切片。

【译文】

把大橙子，连皮切成片，去核捣烂，绞成

汁，略微加一点水，加入少许白面一起熬。边熬边快速搅打（避免有小面疙瘩），熬熟后加入白糖，快速搅打（使糖充分溶化）后装入瓷盆，冷却后切成片食用。

藏　橘[1]

【原文】

松毛[2]包橘入罐，三四月不干。绿豆藏橘亦可久。

【注释】

①藏橘：保存橘子的方法。

②松毛：松针。

【译文】

用松针把橘子包起来放入罐中，三四个月橘子也不会干。用绿豆保存橘子也可延长保存时间。

【补注】

此条目有缺失，效法施行恐难久藏不干，特附《食宪鸿秘》之《藏橘》原文如下，以供参阅："松毛包橘，入坛，三四月不干（当置水碗于坛口，如"藏橄榄法"）。绿豆包橘，亦久不坏。"

另：“用瓷杯仰盖瓶上，杯内贮清水八分满。浅去常加……”（《食宪鸿秘·藏橄榄法》）。

山楂饼

【原文】

同“橙饼”法，加乌梅汤少许，色红可爱。

【译文】

和做橙饼的方法一样，加入少许乌梅汤，颜色红得可爱。

假山楂饼

【原文】

老南瓜去皮去瓤切片，和水煮极烂。剁匀煎浓，乌梅汤加入，又煎浓，红花汤①加入，急剁，趁湿加白面少许，入白糖，盛瓷盆内，冷切片。与“楂饼”无二。

【注释】

①红花汤：用红花煮的水。红花，菊科，一年生直立草本植物，夏季开花，头状花序顶生，全部为顶状花、橘红色。可染色。

【译文】

老南瓜去皮去瓤切成片，加入水煮到极烂，搅打均匀后（打成糊状）熬浓，加入乌梅汤，再熬浓，加入红花汤，快速搅打，趁湿加入少许面粉，加入白糖，（煮熟后）盛到瓷盆里，冷却（凝固）后切成片，和真正的“山楂饼”没有两样。

醉　枣

【原文】

拣大黑枣，用牙刷刷净，入腊酒娘浸，加真烧酒一小杯，瓶贮、封固。经年不坏。

【译文】

选择大个的黑枣，用牙刷刷干净，放入腊月里酿制的酒酿中浸泡，再加入一小杯真正的烧酒，用瓶子贮存起来，密封好。这样做好的醉枣放很久都不会坏。

梧桐豆

【原文】

梧桐子一炒，以木槌捶碎，拣去壳，入锅，加油、盐，如炒豆法，以银匙取食，香美无比。

【译文】

把梧桐子炒一下，用木槌捶碎，将壳捡出来。把拣净的梧桐子下锅，加入油、盐，像炒豆子那样炒熟。炒熟的梧桐子用银匙舀着吃，香美无比。

樱桃法

【原文】

大熟樱桃，去核，白糖层叠[①]，按实瓷盆，半日倾出糖汁，沙锅煎滚，仍浇入。一日取出，铁筛上加油纸摊匀，炭火焙之，色红，取下。大者两个让[②]一个（让，套入也），小者三四个让一个，晒干。

【注释】

①层叠：指一层樱桃，一层白糖，反复叠放。

②让：此处指串起来。

【译文】

选择大个的熟樱桃，去掉核，一层白糖一层樱桃地层层叠放在瓷盆里，放好后按紧，腌半天后倒出糖汁，用砂锅把糖汁熬开，还是倒进腌樱桃的瓷盆里。一天后取出樱桃，在铁筛子上铺上油纸，把樱桃放在上面摊匀，再用炭火慢慢地烘烤。烤到樱桃颜色变红，就取下来。大一点的樱桃两个串成一个，小一点的，三四个串成一个，然后晒干后。

蜜浸诸果

【原文】

浸诸果[①]，先以白梅汁拌，以提净[②]上白糖加入，后加蜜，色鲜，味不走[③]，久不坏。

【注释】

①诸果：指各种果子。

②提净：提炼得很纯净。

③走：此处指散失、流失。

【译文】

蜜浸渍各种水果，先把水果用白梅汁拌匀，再把提炼的很好的上等白糖加进去，最后加入蜂蜜，这样蜜浸好的果子颜色鲜亮，味道不会散失，能长期存放，不会变质。

桃 参

【原文】

好五月桃，饭锅炖，取出，皮易去。食之大补。

【译文】

摘取五月成熟的好桃，用饭锅炖好之后，取出来，去掉皮。这样做好的桃子和人参一样有补益之功，吃了对身体大有好处。

桃 干

【原文】

半生桃，蒸熟，去皮核。微盐掺拌，晒过，再蒸再晒。候干，白糖层叠，入瓶封固，饭锅炖三四次。佳。“李干”同此法。

【译文】

选取半生的桃子，蒸熟，去掉皮、核。加入少量的盐拌匀，太阳下晒了以后，再蒸，再晒。等桃子晒干，一层桃一层白糖，层层叠放进瓶子里，密封严实，再把瓶子放进饭锅炖三四次，更好。（做李干也用这个办法）

腌柿子

【原文】

秋柿，半黄，每取百枚，盐五六两，入缸腌下。入春取食，能解酒。

【译文】

选取秋天半黄的柿子，每取一百枚柿子，用盐五六两，放到缸里腌渍。到了春季取出食用，能解酒。

酥杏仁

【原文】

杏仁泡数次，去苦水。香油[①]炸浮，用铁丝杓捞起。

冷定。脆美。

【注释】

①香油：即芝麻油。

【译文】

用水把杏仁泡几次，倒掉苦水。泡好的杏仁用香油炸到浮在油面时，用铁丝勺子捞出来。凉透后食用，口感香脆。

素 蟹

【原文】

核桃击碎，勿令散。菜油炒，入厚酱[1]、白糖、砂仁、茴香、酒少许烧之。食者勿以壳轻弃。大有滋味在内，愈甜[2]愈佳。

【注释】

①厚酱：浓酱。

②甜：此处或为“舔”之误。

【译文】

把核桃敲破，不要让核桃散开。用菜油炒，放入少量的浓酱、白糖、砂仁、茴香、酒一起烧开。吃的人不要因为有核桃壳而轻易放弃品尝的机会，里面的滋味很美妙，愈细细品味就愈觉得味道香美。

天茄儿

【原文】

盐焯[1]、糖制[2]、俱供茶。酱、醋焯拌，过粥[3]尤佳。

【注释】

①盐焯：用盐水焯。

②糖制：用糖腌渍。

③过粥：伴粥吃的菜。

【译文】

天茄儿用盐水焯过，或者用糖腌渍，都可用以喝茶时佐食（即用做茶配）。或者焯过之后，用酱和醋调拌，作为伴粥吃的小菜也特别好。

【补注】

天茄儿用做小菜，《遵生八笺》中所说的调味品是用“姜醋”，笔者窃以为更为得当。

桃漉[1]

【原文】

烂熟桃，纳瓮盖口。七日，漉去皮核。密封二十七日，成酢[2]。香美。

【注释】

①桃漉：漉下桃汁制成的醋。漉，液体慢慢地渗下，滤过。文中是"滤"的意思。

②酢："醋"的本字。有酸味的液体。

【译文】

把熟透的桃子，放到瓮中盖住瓮口。七天后滤去皮和核，密封二十七天，就成了醋。味道香美。

藏桃法

【原文】

午日[1]，煮麦面[2]粥糊，入盐少许，候冷入瓮。以半熟鲜桃纳满瓮内，封口。至冬月如生[3]。

【注释】

①午日：即端午日。

②麦面：即面粉。

③如生：像新鲜的一样。

【译文】

端午的时候，用小麦面粉煮成粥糊，加入少许盐，等粥糊冷却后装入瓮中。用半熟的新鲜桃子把瓮装满，封住瓮口。这样保存的桃子到冬天还像新鲜的一样。

盐　李[①]

【原文】

黄李[②]，盐挼[③]去汁，晒干去核，复晒干。用时以汤洗净，供酒佳。

【注释】

①盐李：用盐腌渍的李子。

②黄李：黄色的李子。明代李时珍《本草纲目》“集解”引马志语曰：“李有绿李、黄李、紫李、牛李、水李，并甘美堪食。”

③挼（ruó）：揉，搓。

【译文】

把黄色的李子用盐挼了去掉汁子，晒干之后去掉核，再晒干。食用时用热水洗干净，用来下酒最好。

杏　浆

【原文】

熟杏研烂，绞汁，盛瓷盘晒干收贮。可和水饮，又可和面作饼。李同此法。

【译文】

熟杏研烂，绞成稠汁，盛在瓷盘里晒干收贮存放起来。可以调在水里当饮料喝，还能和到面里做饼。用李子做“李浆”也是这种方法。

糖杨梅

【原文】

每三斤，用盐一两，淹[1]半日。重汤[2]浸一夜，控干，入糖二斤，薄荷叶一大把，轻手拌匀，晒干收贮。

【注释】

①淹：应为“腌”之误。

②重汤：指隔水蒸煮的方法。

【译文】

每三斤杨梅放一两盐，腌渍半天。再用隔水蒸煮的方法浸煮一夜。控干水分后，加入二斤白糖，一大把薄荷叶子，轻轻用手搅拌均匀，晒干后收藏贮存起来。

地 梨[1]

【原文】

带泥封干[2]，剥净，糟食，下酒至品也。

【注释】

①地梨：即荸荠，又名茨瓜儿、马蹄。甘脆可口。

②封干：或为“风干”之误。

【译文】

挖出的地梨带泥风干，然后剥净外泥，用酒糟腌渍食用，是下酒的好东西。

杨梅生

【原文】

腊月水，同薄荷一握[1]，明矾少许，入瓮。投浸枇杷、林檎[2]、杨梅。颜色不变，味凉可食。

【注释】

①一握：一把。

②林檎：亦称“花红”“沙果”，形如苹果，较苹果小，可以吃。

【译文】

取腊月的水和一把薄荷、少许明矾，一起放入瓮中。再把枇杷、花红、杨梅投入其中浸泡。这些水果的颜色不会改变，而且口感清凉好吃。

栗　子

【原文】

炒栗，先洗净入锅，勿[1]加水。用油灯草三根，圈放面上。只煮一滚，久闷[2]，甜酥易剥。熟栗、风干栗[3]糟食，甚佳。

【注释】

①勿：此处如不加水，其后则无法“煮一滚，久闷”，疑文中无此字，为衍文或“勿”后少一“多”字。

②闷：即“焖”，盖紧锅盖，用微火把饭菜煮熟或炖熟。

【译文】

炒栗子时，先将栗子洗干净后放入锅中，加水，再用三根油灯草圈放在面上。只煮开一下，然后用小火慢慢焖。时间焖久一点（焖至水干壳脆），焖好的栗子又甜又酥，容易剥壳。熟栗子和风干的生栗子用酒糟腌渍，都很好。

【补注】

平日家里做板栗，加水煮则壳绵软不易剥壳，不加水壳脆但栗子肉略干紧，不酥，所以炒板栗时，都会加少量水，焖熟后待锅里水分完全烘干再略翻炒，这样炒出来的板栗壳脆易剥，栗肉酥甜而不干硬。窃以为原作“勿加水”或为“勿多加水”之误。当然，这仅是一己之见而已。

另：文中“熟栗风干栗糟食，甚佳”一句，其他版本皆断句为“熟栗风干，栗糟食，甚佳”，解释为“熟栗子风干，或者用酒糟腌渍栗子，都很好吃”，这种解释窃以为不当。熟栗若风干，非铜齿铁牙恐不能食，不信一试便知。与《食宪鸿秘》相勘校，后者在栗子相关的食用方法中有两段：“熟栗，入糟糟之，下酒佳。”“风干生栗，入糟糟之，更佳”，这是分别讲了栗子的两种不同的做法。《养小录》成书在《食宪鸿秘》之后，故此句应断为“熟栗、风干栗糟食，甚佳”，将两条并做一条而已。

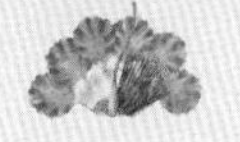

卷之下

佳肴篇

总　论

【原文】

竹垞朱先生[1]曰："凡试庖人[2]手段，不须珍异也。只一肉、一菜、一腐，庖之抱蕴[3]立见矣。"盖三者极平易，极难出色也。又云："每见荐庖人者，极赞其能省约[4]。夫庖之能惟省约，又焉用庖哉？"愚[5]谓省费省料尤之可也，甚而省味[6]不可言也。省鲜鱼而以馁[7]者供，省鲜肉而以败者供，省鲜酱、鲜笋蔬而以宿者供，旋而鲜者且馁且败且宿矣。况性既好省，则必省水省洗濯矣，省柴火候矣[8]，赠以别号[9]，非"省庵"即"省斋"[10]，作道学先生[11]去。

凡烹调用香料，或以去腥，或以增味，各有所宜。用不得宜，反以拗味⑫。今将庖人⑬口中诗赋，略书于左⑭，盖操刀⑮而前，亦少不得一支引子。

【注释】

①竹垞（chá）朱先生：即朱彝尊（1629—1709）清文学家。字锡鬯，号竹垞，浙江秀水（今嘉兴）人，通经史，能诗词古文。著有《食宪鸿秘》。

②庖人：厨师。

③抱蕴：胸怀、抱负，这里指“水平”。

④约：节约。

⑤愚：我，自称的谦词。

⑥省味：节省滋味。意思是滋味不够，滋味不好。

⑦馁：（鱼）腐烂。

⑧省柴火候矣：省柴，省火候。疑在“火候”前脱一“省”字。

⑨别号：是指中国古代人于名字之外的自称。简称号。

⑩省庵省斋：省住，省吃。庵，供尼姑修行居住的寺庙。斋，有宗教信仰的人所吃的素食。

⑪道学先生：思想、作风特别刻板迂腐的读书人。道

学，即理学，宋儒哲学思想。

⑫拗味：不合乎调味习惯，味道别扭。拗，违背。

⑬庖人口中诗赋：流传于厨师中的口诀。

⑭左：以前书籍的字从右到左竖排，故曰“书于左”。等于现在的“书于后”或“书于下”。

⑮操刀：拿起刀，此处指做饭菜。

【译文】

竹垞朱先生说：“通常来说要试下厨师的厨艺，不需要什么奇珍异味，只需要一道肉、一道蔬菜和一道豆腐，厨师的水平立刻就能表现出来。”这是因为这三道菜极其普通，又极难做得出彩的缘故。又说：“每次见到推荐厨师的人，极口称赞所推荐的厨师会节省。如果厨师的本事只是会节省，又何必用厨师呢？”我说的话省钱省材料还能说得过去，有过分的连味道都省了就说不过去了。省下新鲜的鱼而拿腐烂的鱼来吃，省下新鲜的肉而拿腐败的肉来吃，省下鲜酱、鲜笋和新鲜蔬菜而拿久放的来吃，结果新鲜的鱼、肉、菜就腐败陈旧了。何况厨师的禀性既然喜欢节省，那么必然省水省洗濯，省柴省炭省火候了。送他一个别号，不是省庵就是省斋，做道学先生去吧！

凡是烹调用的香料，有的是用来去腥味，有的是用来增加味道，各自有适合使用的地方。用得不恰当，反而破坏了食物的味道。现在我把厨师中流传的相关歌诀大略写在后面，因为在操刀之前，也少不得一个引子的。

荤大料

【原文】

官桂[①]良姜荜拨[②]，陈皮草蔻[③]香砂（砂仁也），茴香各两[④]定须加，二两川椒拣罢。甘草粉儿两半[⑤]，杏仁五两无空[⑥]，白檀半两不留渣，蒸饼为丸弹大[⑦]。

【注释】

①官桂：即上等肉桂。味香辛。是一种常用中药，也是一种常用的食品香料或烹饪调料。

②荜拨：一种中药材，中医学上以干燥果穗入药，性热、味辛，温中暖胃。也可作食用香料。

③草蔻：即“草豆蔻”。

④各两：此处指茴香和前六种香料各用一两。

⑤两半：此处指一两半的用量。

⑥无空：不能缺。

⑦丸弹大：弹丸一样大小。古人所说的弹丸大约一个鸡蛋黄大小，也约为拇指和食指可以合拢为直径的大小。

【译文】

官桂、良姜、荜拨、陈皮、草蔻、香砂（砂仁），茴香和六种香料各用一两，二两川椒挑拣干净（去除椒木及粗梗）。甘草粉一两半，杏仁五两不能少，白檀半两。拌和后蒸成饼状再分制成弹丸大的香料丸子。

减用大料

【原文】

马芹（即芫荽）荜拨小茴香，更有干姜官桂良。再得莳萝[①]二椒（胡椒、花椒也）共[②]，水丸弹子[③]任君尝。

【注释】

①莳萝：即土茴香。

②共：一起放入。

③水丸弹子：加水做成弹子大小的丸子。

【译文】

芫荽、荜拨、小茴香、干姜、官桂、良姜、莳萝、胡椒、花椒一起，（研末后）用水调和做成水丸任君品尝。

素　料

【原文】

二椒[①]配著炙干姜[②]。甘草莳萝八角香。芹菜（即芫荽）杏仁俱等分[③]，倍加榧肉[④]更为强。

【注释】

①二椒：胡椒、花椒。

②炙干姜：炒至深黄发泡的干姜。

③等分：分量一样。

④榧肉：即榧树的果实。其仁甘美可食。

【译文】

花椒、胡椒、炙干姜、甘草、土茴香、八角、芫荽、杏仁各等量，再加入倍量的榧实味道更好。

【补注】

为便于理解，以上歌诀的译文不照原文直译，而是直接说明配制方法。

另：榧肉并非榧螺的肉，而是榧树的果实。

鱼之属

鱼　酢

【原文】

大鱼一斤，切薄片，勿犯水[①]，用布拭净（生矾泡汤[②]，冷定浸鱼。少顷沥干，则紧而脆）。夏月用盐一两半，冬月一两，淹食顷[③]，沥干，用姜、橘丝、莳萝、葱、椒末拌匀，入瓷罐按实、箬盖，竹签十字架定[④]，覆罐[⑤]，控卤尽，即熟。

【注释】

①犯水：沾到水。

②生矾泡汤：即把白矾放水里，制成白矾水。

③淹食顷：腌一顿饭的工夫。“淹”应为“腌”之误。

食顷，一顿饭的时间，形容时间较短。

④竹签十字架定：把竹签呈十字形撑稳。

⑤覆罐：把罐子口朝下倒过来放置。

【译文】

大鱼一斤，切成薄片，不要沾到水，用布擦拭干净（把生矾泡到热水里，等水完全冷却之后把鱼肉泡进去。过一会儿，把鱼肉捞出来沥干水分，肉质就会又紧又脆），然后用盐腌渍，夏天的时候用一两半的盐；冬天用一两盐。腌上一顿饭的工夫，取出来沥干水分，加姜、橘皮丝、莳萝、葱、花椒末拌匀，然后装到瓷罐里按紧实。再用箬叶盖住罐口，用竹签以十字形把箬叶撑稳，最后把撑好的罐子倒过来放置，使卤汁控尽，鱼酢就做好了。

湖广鱼法[1]

【原文】

大鲤鱼治净[2]，细切丁香块。老黄米炒燥[3]，碾粉，约半升；炒红面[4]，碾末，升半。和匀。每鱼块十斤，用好酒二碗，盐一斤（夏月盐一斤四两），拌腌瓷器[⑤]。冬半月，春夏十日。取起，洗净，布包，榨十分干。用川椒二两、砂仁二两、茴香五钱、红豆五钱、甘草少许，共为末。麻油一斤半，葱白一斤，预备米面米一升，拌和入罐，用石压紧。冬半月，夏七八日可用。用时再加椒料[⑥]、米醋为佳。

【注释】

①湖广鱼法：湖广地区做鱼的方法。湖广，明清时期指湖北、湖南。

②治净：收拾干净。治，整治、收拾。

③炒燥：即炒得很干。

④红面：此处指红曲米，又叫红曲。是以籼稻、粳稻、糯米等稻米为原料，用红曲霉菌发酵而成，在粥饭、面食、腐乳、糕点、糖果、蜜饯等制作中经常用到，可健脾消食。

⑤拌腌瓷器：在瓷器中调拌、腌渍。

⑥椒料：椒类的作料，如花椒、胡椒。

【译文】

把大鲤鱼收拾干净，细细地切成丁香块。再把老黄米炒得很干，碾成粉，大约需要一升半。

炒红曲，碾成末，需用一升半。把这两种粉搅拌均匀。每十斤鱼块，用好酒二碗，盐一斤（夏天则用一斤四两盐），在瓷器中调拌腌渍。冬天腌半个月，春天夏天腌十天。腌好后取出来，洗干净，用布包好，榨得十分干。再把川椒二两、砂仁二两、茴香五钱、红豆五钱、甘草少许，放在一起，碾成细末。麻油一斤半、葱白一斤、预备好米面米一升，拌和均匀放入装鱼的罐中，用石头压紧。冬天需要半个月，夏天需要七八天，就可以食用了。用的时候再加一些花椒之类的作料和米醋，味道就更好了。

【补注】

《遵生八笺·饮馔服食笺·湖广酢法》：“……先用老黄米炒燥碾末，约有半升，配以炒红曲半升，共为末听用……”

鱼 饼

【原文】

鲜鱼取胁[1]不取背（去皮骨）；肥猪取膘[2]不取精[3]。

膘四两，鱼一斤，十二个鸡子清[4]。鱼也剁，肉也剁，鱼肉合剁烂[5]，渐入[6]鸡子清。凉水一杯，新慢加、急剁成[7]，锅先下水，滚即停[8]。将刀挑入锅中烹，笊篱取入凉水盆。斟酌[9]汤味下之，囫囵吞。

【注释】

①胁：指从腋下到肋骨尽头的部分。这里是指鱼肚和鱼背之间的肉，此处的肉较嫩。

②膘：肥肉。多用于牲畜。

③精：指精肉，即上等的瘦肉，一般多指猪肉。

④鸡子清：即鸡蛋的蛋清。

⑤合剁烂：合在一起剁烂。

⑥渐入：慢慢加入。此处指边剁边分次少量加入。

⑦新慢加、急剁成：此处指边剁边慢慢加水，加水后迅速剁成肉茸。

⑧停：停火，关火。

⑨斟酌汤味：调制好汤的味道。

【译文】

取鲜鱼两侧腹部的肉，不用鱼背上的肉。（去掉鱼鳞鱼皮和鱼骨鱼刺）；取肥猪身上紧实的肥肉而不用瘦肉。每一斤鱼配四两肥猪肉、十二个鸡蛋清。然后剁鱼、剁肉，分别剁碎后把鱼和肥肉合在一起剁茸，一边剁一边慢慢加入鸡蛋清，再加入一杯凉水。开始加水的时候要分次少量地加入，加完水后快速剁成肉茸。

锅里先烧水，水烧开就停火。用刀把肉茸一块一块地挑入锅中烹煮，再用笊篱捞出来，放入凉水盆里。调好汤味，把鱼饼下到汤里。做好的鱼饼味道滑嫩鲜美，让人来不及嚼就吞下肚了。

【补注】

此节原文多有含糊不解处，难译，直译出来恐怕读者也看得一头雾水。比较而言，《食宪鸿秘》中《鱼饼》做法讲述得更为明白，故将两者相互参照，尽可能在译文中还原鱼饼的翔实做法，并将《食宪鸿秘》中鱼饼的相关部分原文附录于后，供诸君鉴："……鱼、肉先各剁（肉内加盐少许），剁八分烂，再合剁极烂。渐加入蛋清剁匀。中间做窝，渐以凉水杯许加入（作两三次），则刀不黏而味鲜美。加水后，急剁不住手，缓则饼懈（加水、急剁，二者要诀也）。剁成，摊平。锅水勿太滚，滚即停火。划就方块，刀挑入锅。笊篱取出，入凉水盆内。斟酌汤味下之。”

酥 鲫

【原文】

大鲫鱼治净，酱油和酒浆入水，紫苏叶大撮，甘草些少[1]，煮半日，熟透，骨酥味美。

【注释】

①些少：少量，少许。

【译文】

把大个的鲫鱼收拾干净，酱油和酒放入水中，加一大撮紫苏叶，少量的甘草，和鱼一起煮上半天，熟透之后，骨头酥软，味道鲜美。

冻 鱼

【原文】

鲜鲤鱼切小块，盐腌过，酱煮熟，收起。用鱼鳞同荆芥煎汁，澄去查[1]，再煎汁，稠，入鱼。调和得味，锡器密盛，悬井中冻就[2]。浓姜醋浇。

【注释】

①查：即“渣”。

②冻就：冻好。

【译文】

鲜鲤鱼切成小块，用盐腌过以后，加酱煮熟，收干汁水盛起来。把鱼鳞和荆芥一块儿熬汁，熬好后，澄去渣，继续熬。把汁子熬得浓稠了，把鱼放进去，调好味道后，用锡器密封盛放，悬挂在井中冻好。吃的时候浇上浓姜醋汁。

酒发鱼

【原文】

大鲫鱼净，去鳞、眼、肠、腮及鬐尾[①]。勿见生水。以清酒脚[②]洗，用布抹干。里面以布扎箸头[③]，细细搜抹净。用神曲[④]、红曲、胡椒、茴香、川椒、干姜诸末各一两，拌炒盐二两，装入鱼腹，入罐，上下加料一层，包好泥封。腊月造，下灯节[⑤]后开，又番[⑥]一转，入好酒浸满，泥封。至四月方熟，可用。可留一二年。

【注释】

①鬐尾：指鱼鳍和鱼尾。“鬐”，当为“鳍”之误。

②清酒脚：指盛酒的器皿中剩下的残酒。

③箸头：筷子头。箸，筷子。

④神曲：中药名，是用面粉和其他药物经混合后发酵而成的加工品，通常是由麦粉、麸皮、杏仁泥、赤小豆粉以及新鲜青蒿、苍耳的自然汁液组成的。将以上原料搅拌均匀后制成块状物。用麻叶覆盖好，发酵一周，晾干即成。别名为六神曲，亦可作调料。

⑤下灯节：农历正月十六为下灯节，亦称“落灯节”。

⑥番：即“翻”。

【译文】

大鲫鱼洗干净，去掉鱼鳞、鱼眼、鱼肠、鱼鳃和鱼鳍、鱼尾，不要沾生水。用酒器中剩下的残酒把鱼洗一遍，用布抹干。鱼肚里不好抹的地方就用布扎着筷子头，伸进去挨着搜抹干净。把神曲、红曲、茴香、川椒、干姜等各种调料的细末各一两，拌入二两炒盐，装到鱼肚子里，再把鱼装入罐中。鱼的上、下各加一层调料，包好用泥封住罐口。腊月做，下灯节后打开，翻一转，加入好酒，浸满罐子后用泥封起来，到四月才熟，能够食用。能存放一两年。

鲫鱼羹

【原文】

鲜鲫鱼治净，滚汤焯熟。用手撕碎，去骨净。香蕈、鲜笋切丝，椒酒，下汤。

【译文】

鲜鲫鱼收拾干净，用开水焯熟。用手把鱼撕碎，把鱼骨和刺去除干净。再把香蕈、鲜笋切成丝，把鱼和花椒、酒一块放入汤里。

爨　鱼①

【原文】

鲜鱼去皮骨、切片。干粉揉过，去粉，葱、椒、酱油、酒拌和。停顷②，滚汁汤爨出，加姜汁。

【注释】

①爨鱼：即“氽鱼”。“爨”，原意是烧火煮饭，文中

是“氽”的意思，即先将料用沸水烫熟后捞出，放在盛器中，另将已调好味的、滚开的鲜汤，倒入盛器内一烫即捞出。

②停顷：放一会儿。顷，极短的时间。

【译文】

鲜鱼去掉鱼皮和鱼骨，切成片。用干粉揉一下，然后抖去干粉，用葱、花椒、酱油和酒拌和好。放置一会儿，放入滚开的汤汁中氽一下，吃的时候加姜汁。

炙鱼

【原文】

鲞鱼[①]新出水者治净，炭火炙，十分干收藏。

【注释】

①鲞鱼：又叫鲚鱼，鲥鱼，味极鲜美。苏轼有“还有江南风物否，桃花流水鲞鱼肥”之句；扬州谚语云：“宁去累死宅，不弃鲞鱼额。”就是说宁愿丢掉祖宅，也不愿放弃鲥鱼头，其味美可见一斑。自古以来，鲥鲚、鲥鱼、河豚并称“长江三鲜”，鲥鲚应市最早，故列三鲜之首。

【译文】

把刚捕捞出水的鲎鱼收拾干净，用炭火烤，烤到十分干后收存起来。

暴腌糟鱼

【原文】

腊月鲤鱼治净，切大块，拭干。每斤用炒盐四两擦过，腌一宿，洗净晾干。用好糟一斤，加炒盐四两拌匀。装鱼入瓮，纸箬包，泥封。

【译文】

把腊月里的鲤鱼收拾干净，切成大块，擦干。每斤鱼用炒盐四两擦抹，腌一夜，洗净晾干。把一斤好糟，加炒盐四两和鱼拌匀，装入瓮中，用纸和箬叶包住瓮口，再用泥封起来。

蒸鲥鱼

【原文】

鲥鱼[1]去肠不去鳞，用布抹血水净。花椒、砂仁、酱擂碎（加白糖、猪油同擂，妙），加入水、酒、葱和味，装锡罐内蒸熟。

【注释】

①鲥鱼：鲥鱼为溯河产卵的洄游性鱼类，因每年定时入江而得名。肉味最为鲜美，同时具有极高药用价值，为名贵鱼类，自二十世纪八十年代以来，由于大量捕捞及主要产卵场赣江的平流梯级枢纽工程的兴建，阻断了鲥鱼的产卵洄游路线，破坏了产卵场，造成鲥鱼资源的急剧下降，种群濒临灭绝。

【译文】

把鲥鱼去掉内脏，不去鳞，用布把血水抹干净。再把花椒、砂仁、酱放在一起捣碎（加入白糖、猪油一起擂更好），加入水、酒和葱一起调和，然后装进锡罐里蒸熟。

消骨鱼

【原文】

榄仁或楮实子捣末，涂鱼内外。煎熟，鱼骨消化。

【译文】

把榄仁或者楮实子捣成细末，涂抹在鱼身体的里面和外面。煎熟以后，鱼骨头就消失化掉了。

酒　鱼

【原文】

冬月大鱼，切大片，盐拏[1]，晒略干，入罐。滴烧酒灌满，泥口[2]。来岁[3]三四月取用。

【注释】

①拏：此处指用手抓拌。

②泥口：用泥封住罐口。

③来岁：即来年，第二年。

【译文】

选冬天大鱼切成大片，加盐后抓拌一会儿，晒得稍微干一点，装入罐中。用烧酒装满罐子，把罐口用泥密封好。第二年三四月份取出来食用。

酒曲鱼[1]

【原文】

大鱼治净一斤，切作手掌大薄片。用盐二两，神曲末四两、椒百粒、葱一握[2]、酒二斤拌匀，密封。冬七日可食。夏一宿可食。

【注释】

①酒曲鱼：用酒曲腌渍的鱼。酒曲，酿酒用的曲。

②一握：即一把。

【译文】

把大鱼收拾干净，取下一斤鱼肉，切成手掌大的薄片，用二两盐、四两神曲末、一百粒花椒、一把葱、二斤酒拌匀，然后密封起来。冬天腌七天后可以食用，夏天腌一夜就可以食用。

蛏酢

【原文】

蛏[1]一斤，盐一两，腌一伏时[2]再洗净，控干，布包石压。姜、橘丝五钱、盐一钱、葱丝五分、椒三十粒、酒娘糟[3]一大盏，拌匀入瓶，十日可供。

【注释】

①蛏（chēng）：即蛏子，软体动物，介壳长方形，淡褐色，生活在沿海泥中，肉可食，味鲜美。

②一伏时：即二十四小时。

③酒娘糟：即酒酿糟，酒糟。

【译文】

蛏一斤，盐一两，腌二十四时后清洗干净，把水控干，用布包起来拿石头压住。姜丝橘皮丝各五钱、盐一钱、葱丝五分、花椒三十粒、酒酿糟一大盏和压好的蛏拌匀装入瓶中，十天后就可以食用了。

水鸡腊

【原文】

肥水鸡[①]，只取两腿（馀肉另入馔），用椒、酒、酱和浓汁浸半日。炭火缓炙干。再蘸汁再炙。汁尽，抹熟油[②]再炙，以熟透发松为度。烘干，瓶贮，久供（色黄勿焦为妙）。

【注释】

①水鸡：即虎皮蛙。

②熟油：炼熟的菜油。

【译文】

选肥大的青蛙，只取两条腿（剩下的肉做别的菜），用花椒、酒、酱调成浓汁浸泡半天，用炭火慢慢地烤干。再蘸上汁烘烤，汁子烤干后，抹上炼熟的菜油继续烤，直到熟透发松为止。烘干后，放进瓶子里贮藏，可以食用很长时间（烤到颜色黄但不焦为最好）。

臊子蛤蜊

【原文】

水煮去壳，切猪肉，肥精相半，作小骰子块。酒拌，炒煮半熟，次下椒、葱、砂仁末、盐、醋，和匀，入蛤蜊同炒一转，取前煮蛤原汤澄清烹入（汤不许太多），滚过取供。

【译文】

把蛤蜊用水煮过后去掉外壳。把肥瘦各半的猪肉切成小骰子大小的肉丁块。用酒调拌，炒煮到半熟，然后放入花椒、葱、砂仁末和盐、醋和匀，再下入蛤蜊一同翻炒一转。把之前煮蛤蜊的原汤澄清浇入锅中（汤不能太多），等汤汁烧开后就可以盛出来供食用了。

醉　虾

【原文】

鲜虾拣净入瓶，椒、姜末拌匀。用好酒炖滚泼过。夏可一二日，冬日不坏。食时加盐酱。

【译文】

把新鲜的虾挑拣洗净后装入瓶中，用花椒和姜末拌匀。把质量好的酒炖开，泼在虾上。夏天可以保存一二天，冬天放不坏。吃的时候加盐和酱。

虾　松

【原文】

虾米拣净，温水泡开，下锅微煮取起。酱、油各半拌浸[①]。用蒸笼蒸过，入姜汁，并加些醋。虾小微蒸，虾大多蒸。以入口虚松[②]为度。

【注释】

①拌浸：用调料拌匀以后浸渍。

②虚松：膨松。

【译文】

把虾米挑拣干净，用温水泡胀，放到锅里稍微煮一下捞出来。取酱、油各半把煮过的虾拌匀浸渍。浸好的虾上蒸笼蒸过，最后加入姜汁和一些醋。虾米小，少蒸一会儿；虾米大，多蒸一会儿。以吃到口里感到膨松为标准。

甜　虾

【原文】

河虾，滚水焯过，不用盐，晒干，味甜美。

【译文】

把河虾在滚开的水里焯一下，不加盐，晒干食用，味道很甜美。

法制虾米（原文缺失）

淡　菜[1]

【原文】

水洗，搜剔尽，蒸过，酒娘糟糟下[2]。

【注释】

①淡菜：又名壳菜，贻贝的肉经煮熟后晒干而成的干制食品，富有蛋白质、糖元、维生素等。

②糟下：用酒酿腌渍。

【译文】

把淡菜用水洗净，仔细地剔除掉杂质，上锅蒸，蒸过之后，用酒酿腌渍。

虾米粉

【原文】

白亮细虾米，烘燥磨粉收贮。入蛋腐[1]、乳腐及炒拌各种细馔[2]，或煎腐撒入并佳。

【注释】

①蛋腐：即鸡蛋羹。

②细馔：精细的菜肴。

【译文】

把色泽洁白亮净的小虾米，烘很干之后磨成粉贮存起来。在做鸡蛋羹、乳腐、炒拌各种精细的菜品，或者煎豆腐时撒入都很好。

酱鳆[1]

【原文】

治净，煮过，切片。用好豆腐切骰子块，炒熟。乘热撒入鳆鱼拌匀，好酒娘一烹[2]，脆美。

【注释】

①酱鳆：酱制的鳆鱼。鳆鱼，即“鲍鱼”，也称“大鲍”，壳坚厚，低扁而宽，呈耳状，螺旋部只留痕迹，占全壳极小的部分。壳表面粗糙，内面呈现美丽的珍珠光泽。自古以来视为海味珍品。鲜食、干制均可。中医以壳入药，称“石决明”。

②烹：此处指在炒菜起锅前大火锅热时，将酒酿沿锅壁浇下的烹饪方法。

【译文】

把鲍鱼收拾干净，煮过之后切成片。再把好豆腐切成骰子大小的块并炒熟。豆腐炒熟后趁热将鲍鱼撒进去翻炒均匀，起锅前烹入好酒酿，味道脆美。

鲞　粉

【原文】

宁波淡白鲞[1]，洗净切块，蒸熟。剥肉细锉[2]，取骨酥炙[3]，焙燥[4]磨粉收用。

【注释】

①淡白鲞（xiǎng）：专指没有用盐腌，直接剖开晒干的黄花鱼。

②细锉：锉细，磨细。

③酥炙：即“炙酥”，用火烤酥。

④焙燥：用小火烘干燥。燥，干燥。

【译文】

把宁波的淡黄花鱼干，洗干净切成块，然后蒸熟。蒸熟后拆下肉来锉碎，再把取出的鱼骨烤酥，和鱼肉一起用小火焙干磨成粉收起待用。

薰　鲫

【原文】

鲜鲫治净拭干，甜酱酱一宿，去酱、油烹。微晾，茴、椒末揩匀，柏枝薰之。

【译文】

把鲜鲫鱼打理干净用布擦干，用甜酱腌一夜，然后洗掉甜酱，用油炸过后，稍微晾一晾，用茴香末和花椒末将鱼擦抹均匀，最后用柏枝熏烤。

糟鱼

【原文】

腊月，鲜鱼治净，去头尾，切方块，微盐腌过，日晒收去盐水迹。每鱼一斤，糟半斤、盐七钱、酒半斤，和匀入罐，底面①须糟多，固②。三日倾倒③一次。一月可用。

【注释】

①底面：指装鱼罐子中鱼的下面和上面。

②固：密封，封好。

③倾倒：即倒罐。

【译文】

把腊月的鲜鱼收拾干净，去掉头和尾巴，切

成方块，少用一点盐腌一下，放在太阳下晒，慢慢收去盐水之迹。每腌渍一斤鱼，用糟半斤、盐七钱、酒半斤，和匀之后装入罐中，底下和面上都必须多放一些糟，严密地封好，每隔三天将罐子倾倒一次，一个月就可以食用了。

海　蜇

【原文】

水洗净，拌豆腐略煮，则涩味尽而柔脆（腐则不堪[①]）。加酒娘、酱油、花椒醉之[②]。

【注释】

①腐则不堪：指豆腐就不能食用了。

②醉之：此处指用酒酿、酱油，花椒调成的味汁腌拌，使海蜇入味。

【译文】

用水把海蜇洗干净，和豆腐拌在一起稍煮一下，海蜇的涩味就被除去并且又柔软脆美（豆腐就不能吃了）。煮过的海蜇用酒酿、酱油和花椒腌拌，使海蜇入味。

蟹

酱蟹、糟蟹、醉蟹精妙秘诀

【原文】

其一诀：雌不犯[①]雄，雄不犯雌，则久不沙[②]（此明朝南院子名妓所传也。凡团脐[③]数十个为罐[④]，若杂一尖脐于内，则必沙。尖脐[⑤]亦然）。

其一：酒不犯酱，酱不犯酒，则久不沙（酒、酱合用，止供旦夕[⑥]。数日便沙，易红）。

其一：蟹必全活，螯足无伤。

【注释】

①犯：遭遇，这里指把两样东西放一起。

②沙：像沙一样松散。这里是指蟹黄、蟹膏和肉质松散。

③团脐：指雌蟹。雌蟹的腹部圆而扁平，故称团脐。

④为罐：为一罐，即装成一罐。

⑤尖脐：指雄蟹。因其腹部尖而呈三角形，故称尖脐。

⑥旦夕：早晚。即很短时间。

【译文】

做好酱蟹、糟蟹、醉蟹的秘诀：

一种秘诀：雌蟹中不能掺杂雄蟹，雄蟹中不能掺杂雌蟹，这样螃蟹的肉质和蟹黄蟹膏就能保持长久不松散（这是明朝南院子名妓所传授的秘诀。如果几十个雌蟹装在一个罐子里，只要夹杂了一个雄蟹在内，这些螃蟹的蟹黄、蟹油必定变沙，而雄蟹中夹杂了雌蟹也一样）。

另一种秘诀：酒中不能放酱，酱中不能掺酒（也就是说酒、酱不能合用），这样也能使螃蟹长久存放而不沙（如果酒和酱油合用，只能尽快食用，几天就会变沙，且容易变红）。

再一种秘诀：螃蟹必须全部是活的，螯和足不能有任何损伤。

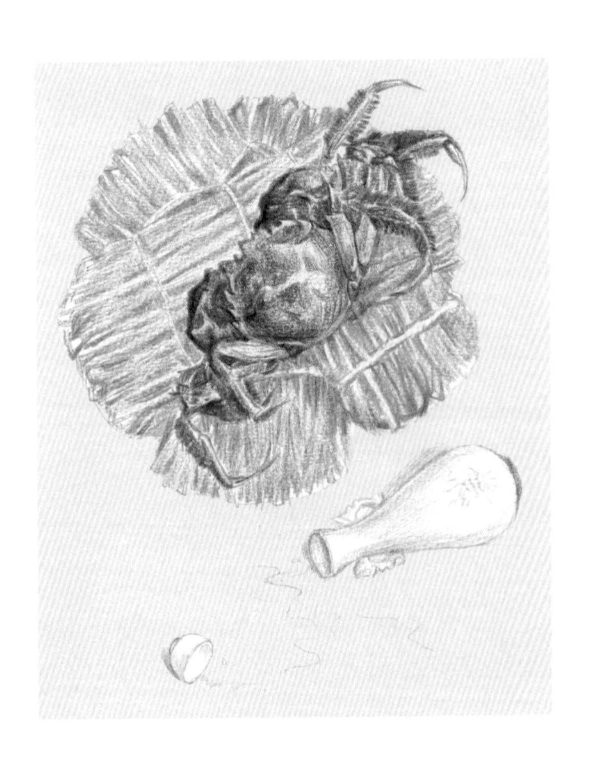

醉蟹

【原文】

以甜三白酒[1]注盆内，将蟹拭净投入。有顷[2]，醉透不动。取起，将脐内泥沙去净，入椒盐一撮，茱萸[3]一粒（置此可经年不沙），反纳[4]罐内。洒椒粒，以原酒浇下，酒与蟹平，封好，每日将蟹转动一次，半月可供。

【注释】

①三白酒：以白米、白面、白水成之，故有是名。白米是指白糯米，白面是指白色的酒曲，白水就是当地的深井水。

②有顷：一会儿时间。

③茱萸：一种常绿带香植物，有逐寒祛风功能。

④反纳：指将蟹反转过来，背朝下放入罐中。

【译文】

把甜三白酒倒进盆子里，把螃蟹擦干净放进盆中。过一会儿，蟹就醉透不会动了。取出螃蟹，把脐里的泥沙去除干净，放入一撮椒盐，一粒茱萸（放茱萸可以使螃蟹一年都不沙），把蟹反过来，背朝下放入罐内。再撒进一些花椒颗粒，并把原来泡蟹的酒浇进去，使酒与蟹齐平，封好罐子。每天把蟹转动一次，半个月就可供食用了。

上品酱蟹

【原文】

上好极厚[①]甜酱，取鲜活大蟹，每个以麻丝缚定，用手捞酱，揾[②]蟹如团泥，装入罐内封固。两月开，脐亮易脱，可供。如未易脱，再封好候之[③]。食时以淡酒洗下酱来，仍可供厨，且愈鲜也。

【注释】

①极厚：很浓、很黏稠。

②揾（wèn）：擦拭。这里是指把甜酱涂抹在螃蟹身上。

③候之：等候蟹被酱腌熟。

【译文】

准备最好的极浓稠的甜酱，选鲜活的大螃蟹，每个都用麻丝缚绑结实，再用手捞酱，把甜酱像团泥把蟹糊起来，然后装进罐子里密封好。

两个月以后打开，蟹的腹部发亮壳也容易脱落，就可以食用了。如果蟹的壳还不容易脱落，就再把罐子封好等蟹腌熟。吃的时候，用淡酒洗下蟹身上抹的甜酱。洗下的甜酱仍可以用来做菜，而且味道更加鲜美。

蟹鳖①

【原文】

煮蟹，食时擘开②。于红盬③之外，黄白翳④内，有鳖大小如瓜仁，尖棱六出，似杠杧楞叶，良⑤可怕人。即以蟹爪挑开取出。若食之，腹痛。盖其毒全在此也。

【注释】

①蟹鳖：俗称“六角虫”，即蟹的心脏，在靠近头胸部中上方的蟹黄或蟹油处，呈六角形，灰白色，性寒不宜食。

②擘（bāi）开：即掰开。擘，用手指分开。

③盬（huāng）：即蟹黄。

④翳：这里指螃蟹体内的薄膜。

⑤良：副词，实在、的确。

【译文】

煮熟的螃蟹，吃的时候用手掰开。在蟹黄和蟹油外边，黄白色薄膜的里面，有像瓜仁大小的蟹鳖，长着六个突出的尖棱，像杠杴（gài）的楞叶，实在让人害怕。当时就要用蟹爪挑开取出来丢掉。如果吃了这个东西，就会肚子疼。因为螃蟹的毒素全集中在这个地方了。

糟　蟹

【原文】

三十团脐不用尖[①]，老糟[②]斤半半斤盐。好醋半斤酒半斤，八朝[③]直吃到明年。

脐内每个入糟一撮，罐底铺糟，一层糟一层蟹，灌满包口。装时以火照过，入罐，则不沙。团脐取其衁多，然大尖脐亦妙也。

【注释】

①尖：尖脐的蟹，即雄蟹。这是民间关于制作糟蟹的歌诀的第一句。

②老糟：腌渍时间较长的酒糟，酒味浓。

③八朝：指八天。

【译文】

三十团脐不用尖，老糟斤半半斤盐。好醋半斤酒半斤，八朝直吃到明年。

意思是：选用三十只雌蟹，用半斤老酒糟、半斤盐、半斤好醋、半斤酒腌渍，第八天就可以食用，可以一直吃到第二年。

具体做法是：每只蟹脐内填进一撮酒糟，螃蟹装罐时先在罐底铺上糟，一层糟一层螃蟹，装好后，再用糟灌满，然后封住罐口。装的时候用火照过，就不会变沙。用团脐是因为它的蟹黄多，但是大尖脐做糟蟹也很好吃。

松壑蒸蟹

【原文】

活蟹入锅，未免炮烙[①]之惨。宜[②]以淡酒入盆，略加水及椒、盐、白糖、姜、葱汁、菊叶汁，搅匀入蟹，令其饮醉不动，方取入锅。既供饕腹[③]，尤少寓不忍于万一云。蟹浸多水，煮则减味。法以[④]稻草捶软，挽匾髻[⑤]

入锅，平水面，置蟹蒸之，味足。山药、百合、羊眼豆等，亦当如此。

【注释】

①炮烙：相传是殷代所用的一种酷刑，把铜柱用炭烧热，令犯人爬行柱上，犯人堕入火中而死。

②宜：适宜。

③饕腹：老饕的肚子。此处指口腹之欲。饕，贪食的人。

④“法以……”：即“以……为方法”。

⑤匾髻：扁平形状的髻子。髻，挽束在头顶上的头发。这里是指把稻草挽作扁平的发髻一样。匾，疑为“扁”。

【译文】

把活着的螃蟹放到锅里直接烹制，未免使其遭受如炮烙之刑的痛苦，应当先把淡酒放到盆子里，略微加一点水和花椒、盐、白糖、姜、葱汁、菊叶汁，搅匀后把螃蟹放进去，使它醉得不会动了，再把它放到锅里。这样既满足了那贪吃者的口腹之欲，也尚且存了那万分之一的不忍之心。螃蟹泡水多了，煮出来鲜味就会减少。解决的方法是把稻草捶软，挽成扁髻状放到锅里，放至与水面齐平，再把螃蟹放在稻草上蒸，这样蒸出来的螃蟹鲜味不会散失。山药、百合、羊眼豆，也应采用这种方法来蒸。

禽之属

卤 鸡

【原文】

雏鸡①，治净。用猪板油四两捶烂，酒三碗、酱油一碗、香油少许，茴、椒、葱同鸡入镟②。汁料半入腹内，半淹鸡上，约浸浮四分许。用面饼盖镟。用蒸架架起，隔汤蒸熟。须勤翻看火候。

【注释】

①雏鸡：此处指嫩鸡。

②镟：即旋子。温酒时盛水的金属器具。人们也用来隔水蒸食物。

【译文】

把嫩鸡收拾干净，再把四两猪板油捶烂，加入三碗酒、一碗酱油、少许香油、茴香、花椒、葱，把这些调料和鸡一块放入镟子里。使这些汁料一半进入鸡的肚子里，一半淹住鸡，大约浸住鸡四分多一些。再用面饼盖住镟子，用蒸架架起来，隔汤蒸熟所浸之鸡。要多翻动察看火候。

鸡　松

【原文】

鸡同黄酒、大小茴香、葱、椒、盐，水煮熟。去皮、骨，焙干。擂[①]极碎，油焙干[②]，收贮。

【注释】

①擂：研磨。

②油焙干：经查证，此处当为“油（拌）焙干”。此句意为把研磨得极碎的鸡肉用油调拌，再用文火烤干。

【译文】

把鸡用黄酒、大茴香、小茴香、葱、花椒、

盐，加水一起煮熟。然后剔除鸡的皮和骨头，把剔下的鸡肉用微火慢慢烤干。烤干后研磨得极细碎，用油调拌，再用文火烤干。做好后收贮起来。

粉 鸡

【原文】

鸡胸肉，去筋皮，横切作片。每片捶软，椒、盐、酒、酱拌，放食顷①，入滚汤焯过，取起再入美汁烹调，松嫩。

【注释】

①食顷：一顿饭的工夫。

【译文】

鸡胸脯肉，去掉肉筋和鸡皮，横切成片。把切好的鸡片一片片地捶软，加花椒、盐、酒和酱拌匀码味，过一顿饭的工夫，放到滚水中焯一下，捞出来，再放进鲜汤中烹煮调味起锅。这样做出来的鸡胸肉十分松嫩。

炉焙鸡[1]

【原文】

肥鸡，水煮八分熟，去骨，切小块。锅内熬油略炒①，以盆盖定。另锅烧极热②酒、醋、酱油相半③，入香料并盐少许，烹④之。候干再烹，如此数次。候极酥极干取起。

【注释】

①熬油略炒：一种烹饪方法，指炒含油脂丰富的食材时不另加油或只放少量的油，在锅里煸出食材本身的油脂，或炒制一些素菜时只用很少的油，利用菜品本身煸出的水分使其不粘锅，譬如现在的干煸鸡、干煸四季豆等菜的做法。

②另锅烧极热：此处“另锅”或为衍文；“极”或为及之误。

③相半：各半，等量。

④烹：此处指先用油将菜品炒断生，再浇入调味汁的烹饪方法。

【译文】

把肥鸡用水煮到八分熟，剔除骨头后，切成

小块。把切好的鸡块在锅里熬出油煸炒一下，用盆子盖好。另用一个锅把相同分量的酒、醋、酱油烧得极热，加入香料和少许的盐，把这些作料浇入装鸡的锅烹煮，等汁水干了再烹，就这样反复几次，等鸡极酥极干起锅。

（把肥鸡用水煮到八分熟，剔除骨头后，切成小块。锅里放一点儿油，鸡块下锅煸炒，熬出肥鸡本身的油脂在锅里煸炒一下，用盆子盖好。鸡肉烧热以后，把等量的酒、醋、酱油、少许香料和盐调好烹入锅里，继续烧，等调味汁收干了再烹入味汁，这样反复几次，等鸡肉很酥很干了起锅。——此段是编者根据吴氏版本所作的译文，做法更为准确。）

【补注】

本节参阅岳麓书社2005年版本，文中的制作方法："另锅烧极热，酒、醋、酱油相半，入香料并盐少许，烹之。"一段颇有不明之处，因通常做菜，须往菜中加入醋、酒之类调料的，多是须去腥、提香，特别是酒，香味易挥发，在烹饪过程中几乎没有先另用锅高温加热再烹入的。因古书原本不可见，故从别处考证。在南宋《吴氏中馈录》就有“炉焙鸡”这道菜，其文意清晰，读后知《养小录》中的《炉焙鸡》当出于此书，故将《吴氏中馈录》中《炉焙鸡》原文附下，以供参阅对照：

炉焙鸡

用鸡一只，水煮八分熟，剁作小块。锅内放油少许，烧热，放鸡在内略炒，以镟子或碗盖定。烧及热，醋、酒相半，入盐少许，烹之。候干，再烹。如此数次，候十分酥熟取用。

另：原文中“熬油炒过”不仅是把油熬热了下鸡肉炒，同时还有少放油，在炒鸡肉的时候熬出其本身的油脂的意思。理解文意时要注意“肥鸡”二字。

蒸鸡（鹅、鸭、猪、羊肉同法）

【原文】

嫩鸡治净，用盐、酱、葱、椒、茴末匀涂[①]，腌半日。入锡镟，蒸一炷香[②]取出。撕碎，去骨。斟酌加调滋味，再蒸一炷香。味香美。

【注释】

①匀涂：均匀涂抹。

②一炷香：一炷香的时间。具体一炷香时间无定论，有说五分钟，半小时，也有说一小时，此处应为半小时。

【译文】

把嫩鸡收拾干净，用盐、酱油、葱、花椒、茴香末均匀涂抹，腌渍半天。把腌好的鸡放到锡镟中，蒸一炷香的时间取出来。再把鸡撕碎，去掉骨头。最后酌情加入调料调味，再入锡镟蒸一炷香的时间就好了。味道十分香美。

煮老鸡

【原文】

猪胰[1]一具，切碎同煮。以盆盖之，不得揭开。约法为度[2]，则肉软而汁佳。老鹅鸭同[3]。

【注释】

①猪胰：猪的胰脏。在胃的后下方，扁平长条形能分泌胰液，帮助消化。

②约法为度：严格按照这一方法作为烹制标准。约，指必须遵守的条件。

③老鹅、鸭同：指煮老鹅、老鸭和煮老鸡的方法相同。

【译文】

一条猪胰，切碎后和鸡一块儿煮，煮的时候用盆子盖起来，不能中途揭开。严格按照这样的方法来煮老鸡，鸡肉就软和且汤汁味美。煮老鹅、老鸭和煮老鸡的方法一样。

让　鸭

【原文】

鸭治净，胁下取孔[①]，去肠杂，再净。精制猪肉饼子剂[②]，入满[③]，外用茴、椒、大料涂满，箬片包扎固，入锅，钵覆[④]。文武火煮三次。烂为度。

【注释】

①胁下取孔：在鸭翅根的部位挖一个洞。胁，腋下肋骨所在的部位。

②猪肉饼子剂：用猪肉剁成的肉馅。

③入满：填满，装满。

④钵覆：用钵盖上。

【译文】

把鸭子收拾干净，在胁下挖一个洞，去掉

肠子等内脏杂物，再洗干净。把精细制作好的猪肉馅儿填满鸭腹，鸭子的表面用茴香、花椒、大料涂遍，用箬叶把鸭子裹起来扎好，放到锅里，用钵盖住，再用大火小火轮流煮三次，煮到烂熟为止。

【补注】

原文中烹煮方法不明晰，参阅对照《食宪鸿秘》，末句云："如饨（炖）鸭法饨（炖）熟。"因篇幅所限，此处不予赘述，有兴趣的朋友可自行找来一读。

封鹅

【原文】

治净，内外抹香油一层，用茴香、大料及葱实腹①。外用长葱裹紧，入锡罐盖住，入锅。上覆大盆，重汤煮②。以箸扦入③，透底为度。鹅入罐通④不用汁，自然上升之气味凝重而美，吃时再加糟油或酱油、醋。

【注释】

①实腹：填满肚子。

②重汤煮：隔水蒸煮。

③以箸扦入：用筷子插入。扦，插。

④通：副词，全，都。

【译文】

把鹅收拾干净，肚子里面和身子表面都抹上一层香油，用茴香、大料和葱填满鹅腹，再用长葱把鹅的身体裹紧，然后放到锡罐中，盖上盖子。把锡罐放入锅里，上面盖一个大盆子，隔水蒸煮。一直煮到用筷子插到鹅肉中，能一插透底为止。鹅放入罐中一概不用汤汁，自然蒸腾出来的气味醇厚鲜美，吃的时候再加一些糟油，或者酱油、醋。

白烧鹅

【原文】

肥鹅治净，盐、椒、葱、酒多擦内外，再用酒密涂遍，入锅，竹棒阁起[①]，入酒水各一盏[②]，盖锅，以湿纸封缝，干则以水润之。用大草把[③]一个烧过，再烧草把一个，勿早开看，候盖上冷，方开。翻鹅一转[④]，封盖如前。再烧草把一个，候冷即熟。

【注释】

①竹棒阁起：此处指将鹅放置在竹棒上，使鹅不接触锅底。

②盏：较浅的杯子。也作计量单位。

③草把：用干谷草扎成的一把一把的，农村常用来烧火做饭。

④一转：此处指将鹅翻面。

【译文】

把肥鹅收拾干净。用盐、花椒、葱和酒把鹅身内外多擦抹几次，再用酒挨着把鹅涂抹一遍。把涂好的鹅放到锅里，用竹棒架起来，往锅里加入一盏酒和一盏水，盖好锅，用湿纸封住锅盖和锅之间的缝隙。如果纸干了就用水把纸润湿。用一个大草把烧，火灭了再烧一个草把。不要过早地打开察看，等锅盖冷却后再揭开，把鹅翻个面，像前面一样把盖子盖好用纸封住缝隙。再烧一个草把，烧完后等到锅盖冷却，“白烧鹅”就熟透了。

嘉兴马疃[1]泼黄雀

【原文】

肥黄雀[2]，去毛眼净，令十许岁儿童，以小指从尻[3]挖雀腹中物净。（雀肺若收聚得碗许[4]，用酒漂净，配笋芽、嫩姜、美料酒浆、酱油烹煮，真佳味也。）用淡盐酒灌入雀腹，洗过沥净，一面取猪板油剁去筋膜，捶极烂，入白糖、花椒、砂仁细末，飞盐[5]少许，斟酌调和，每雀腹中装入一二匙。将雀入瓷钵，以尻向上密比[6]装好。一面备腊酒酿、甜酱、油、葱、椒、砂仁、茴香各粗末，调和成味。先将好菜油热锅熬沸，次入诸味，煎滚舀起，泼入钵内，急以瓷盆覆之，候冷。另用一钵，将雀搬入，上层在下，下层在上，仍前装好，取原汁入锅，再煎滚，再舀起泼入，盖好候冷，再如前法泼一遍，则雀不走油[7]而味透。将雀装入小罐，仍以原汁灌入，包好。若即欲供食，取一小瓶重汤煮一顷，可食；如欲留久，则先时止须泼两次足矣。临用时，重汤多煮数刻便好。雀卤留顿[8]鸡蛋用，入少许，绝妙。

【注释】

①马疃：地名，即马家疃。

②黄雀：又名秋风雀、芦花黄雀，乡人俗称“黄春”，体长约十二厘米。是一种随季节南迁的小型候鸟，在到达浙北一带时正逢体肥肉嫩，因而成了当地人张网捕获的飞来美食。松江府的山荡北乡，常州武进的横林，无锡的五牧，嘉兴的陶庄、马疃等都是黄雀每年集中歇息的地方，朱彝尊《鸳鸯湖棹歌》中有一首诗写道：“秋水寻常没钓矶，秋林随意敞柴扉。八月田中黄雀啅，九月盘中黄雀肥。”作者自注：“黄雀味甚腴，产陶庄、马疃。”

③尻：此指黄雀的肛门。

④碗许：一碗左右。

⑤飞盐：细盐。

⑥密比：紧密地挨着。比，紧靠，挨着。

⑦走油：即过油，是指正式加热前将原料经炸制成半成品的过程。

⑧顿：即“炖”。

【译文】

肥黄雀去除毛和眼睛，收拾干净。叫十来

岁的小孩，用小指头从黄雀的肛门挖出黄雀肚子里内脏（如果雀肺能收集到一碗的样子，用酒把雀肺漂洗干净，配上笋芽、嫩姜、美料、酒浆、酱油烹煮，是真正的美味），把淡盐酒灌进黄雀的肚子，洗净黄雀沥干水分。另外取来猪板油，剥去筋膜，捶极烂，加入白糖、花椒和砂仁的细末，少许细盐，斟酌调和均匀，调好后给每只黄雀的肚子里装进一二调羹，再把黄雀装进瓷钵里，肛门向上一个紧挨一个地装好。另一边准备好冬天酿制的酒酿、甜酱、油、葱、姜、砂仁粗末和茴香粗末，混合调成作料。先把好菜油在热锅里烧开，再加入前面调好的各种作料，熬开后就舀起来，泼进瓷钵内，迅速用瓷盆盖住瓷钵，等冷却后另外再拿一个瓷钵，把黄雀搬进去，原来上层的黄雀便摆在了下层，原来下层的黄雀又摆到了上层，仍然像前面一样紧挨摆好。把原来泼黄雀的味汁倒进锅里，再煎滚，再舀出来泼到黄雀中，盖好后等待它冷却，再用前面的方法泼一遍，黄雀就不走油却被诸味浸透。再把黄雀装到小罐子里，仍旧把原来的汁子灌进去，包好罐口。如果想马上食用，取出一小瓶隔水蒸煮一会儿，就可以吃了。如果想长时间保存，那么前面只要泼两次调料就足够了。要吃的时候，隔水多蒸煮一会儿就好。腌黄雀的卤汁留着炖鸡蛋的时候用，加上一点，味道绝佳。

卵之属

百日内糟鹅蛋

【原文】

新三白酒[1]，初发浆，用麻线络著[2]鹅蛋，挂竹棍上，横挣[3]酒缸口，浸蛋入酒浆内。隔日一看，蛋壳碎裂，如细哥窑纹[4]。取起抹去碎壳，勿损内衣[5]。预制[6]米酒甜糟（酒娘糟更妙）。多加盐拌匀，以糟搵[7]蛋上，厚倍之，入罐。一大罐可容蛋二十枚，两月馀可供。

【注释】

①新三白酒：刚酿的三白酒。“三白酒”见“醉蟹”注。

②络著：网住。

③横挣：横撑的意思。

④哥窑纹："哥窑"所产的瓷器釉面上疏密不同的裂纹，为哥窑纹，俗称"开片"。

⑤内衣：指鹅蛋壳内的一层半透明白色薄膜。

⑥预制：预先制作好。

⑦揾：用手指按。

【译文】

新的三白酒，刚刚发出酒浆的时候，用麻线编成细网，网住鹅蛋，挂在竹棍上，横撑在酒缸口，使鹅蛋浸到酒浆里。隔一天去看，蛋壳裂出纹路，像细哥窑纹一样。把鹅蛋捞起来，抹掉碎壳，但不要损伤内膜。把预先酿好的米酒甜糟（酒酿糟更好）多加些盐拌匀。把拌好的甜糟用手揾在鹅蛋上，揾到有鹅蛋的一倍大，再装入罐中。一般一个大罐可以装二十枚鹅蛋。两个多月就可以食用了。

煮　蛋

【原文】

鸡、鸭蛋同金华火腿煮熟取出，细敲碎皮，入原汁，再煮一二炷香，味妙。剥净冻之，更妙。

【译文】

把鸡蛋、鸭蛋和金华火腿一块煮熟后取出来，细密地把蛋壳敲出裂纹，再放到原汁里煮一二炷香的时间，味道妙极了。把煮好的蛋剥净蛋壳冻后食用，更好吃。

软去蛋硬皮

【原文】

滚醋[①]一碗，入一鸡子于中，盖好，许时[②]外壳化去。用水浴过，纸收迹[③]，入糟易熟。

【注释】

①滚醋：烧开的醋。

②许时：一会儿。

③纸收迹：用纸收干水迹。

【译文】

烧开的醋一碗，放一个鸡蛋进去，盖好，过一会儿，鸡蛋的外壳就被溶化掉了。把化去壳的鸡蛋用水洗一下，拿纸收干鸡蛋上的水迹，放到甜糟中，很容易就熟了。

龙 蛋

【原文】

鸡子数十个，一处打搅极匀，装入猪尿脖[①]内，扎紧，用绳缒[②]入井内。隔宿取出，煮熟，剥净，黄白各自凝聚，混成一大蛋。大盘托出，供客一笑。

揆[③]其理，光炙日月[④]，时历子午[⑤]，井界阴阳[⑥]，有固然者。缒并须深浸，浸须周时[⑦]。

此蛋或办卓面[⑧]，或办祭用，以入镟子，真奇观也，秘之。

【注释】

①猪尿脖：即猪小肚。猪的膀胱，又叫猪尿脬。

②缒：用绳子系住放下去。

③揆：度量、揣测。

④光炙日月：这里指经受了日月之光的照射。

⑤时历子午：时间经历了子时和午时。子，十二时辰之一。夜十一时至次晨一时为子时。午，十二时辰之一，中午十一时至下午一时。

⑥井界阴阳：井分开了阴阳。界，分。

⑦周时：一天一夜。

⑧办卓面：办桌席。卓，同“桌”。

【译文】

打几十个鸡蛋，一起搅打得很均匀，打匀后装到猪小肚里，扎紧，用绳子系住放入井中。隔一夜后取出来，煮熟剥净猪尿脬，蛋黄和蛋白各自凝聚，混成一只大蛋。用大盘子装了端出来，让客人乐一下。揣测龙蛋形成的道理，鸡蛋接受了日月之光的照射，时间经历了一个昼夜，井水分开阴阳二界，就必然是这样了。鸡蛋缒入井中，一定要泡得深一些，要浸泡一天一夜。这种龙蛋用来办筵席，或者用来祭祀，装到镟子里，真是奇观啊！做法要保密。

一个蛋

【原文】

一个鸡蛋可炖一大碗。先用箸将黄白打碎，略入水再打。渐次加水及酒、酱油，再打，前后须打千转[1]。架碗[2]盖好，炖熟，勿早开。

【注释】

①千转：一千转，筷子在鸡蛋液中从下往上打一圈为一转。这里的“千转”不是实指，指打很多转。

②架碗：把碗架起来。意思是隔水蒸。

【译文】

一个鸡蛋，可以炖一大碗。先用筷子把蛋黄蛋清打碎，稍微加一点水再打，慢慢地加进水、酒和酱油，再打，加起来要打很多转。把碗架在锅里，盖好锅，炖熟。没熟的时候不要提前揭开锅盖。

肉之属

蒸腊肉

【原文】

洗净煮过，换水又煮，又换几数次，至极净极淡，入深锡镟。加酒浆、酱油、葱、椒、茴蒸熟，则陈肉[①]而别有新味，故佳。

【注释】

①陈肉：腊肉因腌渍、存放的时间长，故此处称“陈肉”。

【译文】

腊肉清洗干净煮过以后，换清水再煮，反复多换煮几次，等肉煮得极干净味道极淡了，放到较深的锡镟里，加酒浆、酱、葱、花椒、茴香，把肉蒸熟。这样蒸好的腊肉虽然是陈肉，却别有新味，所以称得上是佳肴。

煮腊肉

【原文】

煮腊肉陈者，每油哮气①。法于将熟时，以烧红炭火数块，淬②入锅内，则不哮③。

【注释】

①油哮气：指腊肉或油脂之类，因存放时间过久，产生的苦麻难吃的味道，又俗称“哈喇味”。有版本解释为煮肉时油在沸水中崩溅的声音，是错误的。《吴氏中馈录》《遵生八笺》此处皆做“油莶气”，《食宪鸿秘》做“油蒨气”，或为编撰者为了便于读者理解，根据当地方言做了改动，“油哮气”用四川人的话来说，就是“哈口的味道”。

②淬：本指铸造刀剑时把烧红的刀剑浸入水中使之坚刚。这里是指将烧红的炭火放入锅中。

③哮：参见注释①，此处指“哈口”的味道。

【译文】

煮陈腊肉，通常有哈口的味道。解决的方法是，在肉快要熟的时候，把几块烧红的炭火，淬入锅内，就不会哈口了。

藏腊肉

【原文】

腌就小块肉，浸菜油罐内，随时取用，不臭不虫，油仍无碍。

【译文】

腌好的小块肉，浸泡在菜油罐子里，随时可以取出来食用。这样保存的腊肉不发臭，不生虫，不妨碍油的使用。

肉　脯

【原文】

诀曰[①]：一斤肉切十来条，不论猪羊与太牢[②]，大盏醇醪[③]小盏醋，葱椒茴桂入分毫，飞盐四两称来准，分付庖人[④]慢火烧，酒尽醋干方是法，味甘不论孔闻韶[⑤]。

【注释】

①诀曰：歌诀说。诀，即厨师做肉脯的歌诀。

②太牢：古代帝王、诸侯祭祀社稷时，牛、羊、豕三牲全备为“太牢”。亦作大牢。也有专指牛的。文中猪、羊与太牢并称，所以应当是只指牛。

③醇醪：味道醇厚的美酒。

④庖人：厨师。

⑤味甘不论孔闻韶：味道甘美得就别说什么孔子闻《韶》三月不知肉味了。孔闻《韶》，《论语·述而》：“子在齐闻《韶》，三月不知肉味。”《韶》是流传在当时贵族中的古乐。

【译文】

歌诀说：不论猪肉羊肉还是牛肉，一斤切成十来条。把一大盏美酒一小盏醋，一点葱、花椒、茴香、桂皮，细盐四两，分别交给厨师用慢火烧，直到酒用完和醋熇干。做好的肉脯味道鲜美得恐怕孔夫子也顾不上说什么闻韶乐三月不知肉味了。

煮　肚

【原文】

治极净煮熟，预铺稻草灰于地，厚一二寸许，以肚乘热置灰上，瓦盆覆紧，隔宿肚厚加倍，入盐酒再煮食之。

【译文】

把肚子收拾得很干净然后煮熟，预先把稻草灰铺到地上，大约铺一二寸厚，把煮熟的肚子趁热放到灰上，用瓦盆盖紧，隔一夜之后肚子的厚度增加一倍，就可加入盐和酒煮熟食用了。

夏月冻蹄膏

【原文】

猪蹄治净煮熟，去骨细切，加化就石花①一二杯许，入香料再煮极烂，入小口瓶内，油纸包，挂井水内，隔宿破瓶取用。

【注释】

①化就石花：溶化了的石花菜。石花菜，多年生藻类，可供食用和提炼琼脂。

【译文】

把猪蹄收拾干净煮熟，去掉骨头后切细碎，加入溶化的石花大约一二杯的样子，再加入香料将猪蹄煮到极烂，然后装到小口瓶里，用油纸包起来，挂着放入井水中。隔一夜取出，把瓶子弄破，取出冻好的蹄膏食用。

煮茄肉

【原文】

茄煮肉肉每黑，以枇杷核数枚剥净同煮，则肉不黑色。

【译文】

茄子煮肉肉总会变黑，把几枚枇杷核剥干净与茄子和肉一起煮，肉就不会变成黑色的了。

肺　羹

【原文】

肺以清水洗去外面血污，以淡酒加水和一大桶，用碗舀入肺管内，入完，肺如巴斗[①]大，紧管口，入锅煮熟，剥去外皮，除大小管净，加松子仁、鲜笋、香蕈、腐衣[②]各细切，放美汁作羹，佳味也。

【注释】

①巴斗：用柳条编织以盛物的圆形器具。

②腐衣：即腐竹皮，一种豆制品。

【译文】

用清水洗去肺表面的血污。把淡酒加到一大桶水里搅和好，再用碗舀入肺管里，装完之后，肺就胀得像巴斗一样大。扎紧肺的管口，把肺放到锅里煮熟。然后剥去外皮，把肺里大大小小的血管去除干净，加入切细的松子仁、鲜笋、香菇、豆腐皮，加入鲜汤做成羹，真是美味。

皮羹

【原文】

煮熟火腿皮，切细条子，配以笋、香蕈、韭芽[①]，肉汤下之，风味超然。

【注释】

①韭芽：即韭黄。

【译文】

煮熟的火腿皮，切成细条子，配上竹笋、香菇、韭黄，下到肉汤里做成羹，风味不同凡响。

灌　肚

【原文】

猪肚及小肠治净，用香蕈磨粉拌小肠，装入肚内，缝口，煮极烂。

【译文】

把猪肚和猪小肠收拾干净，将香菇磨成粉和小肠拌匀，把拌好的小肠装进猪肚子里，缝住口，煮到极烂。

兔　生

【原文】

兔去骨，切小块，米泔[①]浸捏洗净，再用酒脚浸洗，再漂净，沥干水迹，用大小茴香、胡椒、花椒、葱、油、酒加醋少许，入锅烧滚，下兔肉滚熟。

【注释】

①米泔：淘米水。

【译文】

把兔子剔去骨头，切成小块，用淘米水浸泡后捏洗干净（去除血水及草腥味儿），然后用酒脚浸泡清洗，再用清水漂洗干净，然后沥干水分。把大茴香、小茴香、胡椒、花椒、葱、油、酒、少许醋，放到锅里烧滚（此处具体操作方法应为：锅内放油烧热，先下大小茴香，然后放入胡椒、花椒、葱烹出香味，最后放料酒和少许醋烧开），再下入兔肉，滚熟，就可以食用了。

熊 掌

【原文】

带毛者[①]挖地作坑，入石灰及半，放掌于内，上加石灰，凉水浇之，候发[②]过停冷取起，则毛易去，根俱出[③]。洗净，米泔浸一二日，用猪脂油包煮，复去油，撕条猪肉同炖。

熊掌最难熟透，不透者食之发胀，加椒盐末和面裹，饭锅上蒸十余次，乃可食。

或取数条同猪肉煮，则肉味鲜而厚，留掌条[4]勿食，俟煮猪肉仍拌入，拌煮数十次乃食，久留不坏，久煮熟透，糟食更佳。

【注释】

①带毛者：带毛的熊掌。

②发：此处指生石灰加入凉水后发生反应，沸腾发热的现象。

③根俱出：毛根随着毛一起被去掉。

④掌条：指前文撕成的熊掌条。

【译文】

加工带毛的熊掌，要在地上挖一个坑，放入半坑石灰，把熊掌放进去，上面再放上石灰，然后用凉水浇灌。等石灰发热沸腾自然冷却后，取出熊掌，这时熊掌上的毛容易去掉，连毛根都能全带出来。去毛后的熊掌洗干净，用淘米水浸泡一二天，用猪板油包起来烧煮，煮好后去掉猪油，把熊掌撕成条，和猪肉一块炖。

熊掌是最难熟透的东西，人吃了没煮透的熊

掌肚子会发胀。要用加椒盐末和好的面把熊掌裹起来，在饭锅上蒸十来次，才能食用。也可以取几条发好的熊掌和猪肉一块煮，猪肉的味道就会鲜美醇厚。吃的时候留着熊掌条不要吃，等以后煮猪肉时仍和着一块儿煮。这样一起和猪肉煮上几十次以后才吃熊掌条。熊掌条可以久放不坏。经过长时间地伴煮，掌条已经熟透，用糟腌渍后食用味道更好。

黄　鼠

【原文】

泔浸一二日入笼[①]，脊向底蒸，如蒸馒头许时，火候宁缓勿急，取出去毛刷极净。每切作八九块，块多则骨碎杂，难吃。每块加椒盐末，面裹再蒸，火候缓而久，一次蒸熟为妙。多次则油走而味淡矣，取出，糟食。

【注释】

①笼：此处指蒸笼。

【译文】

用淘米水把黄鼠浸泡一二天后脊背朝下放

入蒸笼蒸制，蒸上和蒸馒头差不多长的时间，火宁可小不要太大。蒸好取出来去掉鼠毛刷洗得很干净。一只黄鼠可以切成八九块，如果切的块数多了就会夹杂着碎骨头，不方便食用。在每块黄鼠上撒上椒盐末，用面裹起来再蒸，注意小火久蒸，一次蒸熟为好，如果蒸的次数多了，鼠肉的油脂流失而且香味也淡了，就不好吃了。蒸好之后，取出来用糟腌渍后食用。

跋

【原文】

《清异录》[①]载段文昌[②]丞相自编食经五十卷，时号《邹平公食宪章》，是书初名《食宪》，本此[③]。

文昌精究馔事，第中庖所榜[④]曰“炼修堂”，在途[⑤]号“行珍馆”。家有老婢掌其法[⑥]，指授[⑦]女仆四十年，凡阅百婢，独九婢可嗣法[⑧]。乃知饮食之务，亦具有才难之叹也。

夫调和鼎鼐[⑨]，原以比大臣燮理[⑩]。自古有君必有臣，犹之有饮食之人，必有庖人也，遍阅十七史[⑪]，精于治庖者，复几人哉！

秀水朱昆田[⑫]跋。

【注释】

①《清异录》：宋代陶谷所撰的一部杂记。

②段文昌：唐代山东临淄人，对饮食很讲究，曾自编《食经》五十章。因他曾被封过邹平郡公，当世人称此书为《邹平公食宪章》。

③本此：本出于此。意为原因在于此。

④第中庖所榜：府第中厨房的匾额。榜，木牌，匾额。

⑤在途号“行珍馆”：在宰相府第之外的厨房名叫“行珍馆”。

⑥掌其法：管理主持烹饪的方法。

⑦指授：指点传授。

⑧嗣法：获得、得到传承。

⑨鼎鼐：古代的两种烹饪器具。鼐，大鼎。

⑩燮理：和理，调理。

⑪十七史：指古代的十七部史书。

⑫朱昆田：朱彝尊之子，字西，一字文盎。

【译文】

《清异录》载，段文昌丞相，自己编撰了一部食经有五十卷，当时名为《邹平公食宪章》。

这本《养小录》初名《食宪》，就是这个原因。段文昌专心研究饮馔之事，府中厨房的匾额是“炼修堂”，在府第之外就叫“行珍馆”。家里有位老婢主掌烹调之法，指点传授女仆厨艺四十年，察看考阅了一百多名婢女，只有九个婢女可以传承衣钵。这才明白饮食这件事，也具有“人才难得”之叹啊！用鼎鼐调和各种滋味，原来就是比喻大臣治理国事的。自古以来有皇帝就有大臣，就像有吃饭的人必定有厨师一样。看遍了十七史，精通于治疱的人，又有几个呢？

秀水朱昆田跋。

图书在版编目（CIP）数据

养小录 / 顾仲著 . -- 沈阳 ：万卷出版公司，
2016.11
ISBN 978-7-5470-4322-6
Ⅰ . ①养… Ⅱ . ①顾… Ⅲ . ①饮食文化—中国 Ⅳ .
① TS971.2
中国版本图书馆 CIP 数据核字（2016）第 245516 号

养小录

出版发行：北方联合出版传媒（集团）股份有限公司
万卷出版公司
（地址：沈阳市和平区十一纬路 25 号 邮编：110003）
印 刷 者：北京鹏润伟业印刷有限公司
经 销 者：全国新华书店

幅面尺寸：145mm×210mm
装 帧：精 装
印 张：10.5
字 数：160 千字
出版时间：2016 年 11 月第 1 版
印刷时间：2016 年 11 月第 1 次印刷
出 品 人：刘一秀
特约监制：罗 毅
责任编辑：杨春光
责任校对：王春晓
装帧设计：张 莹
ISBN 978-7-5470-4322-6
定 价：35.80 元

联系电话：024-23284090
邮购热线：024-23284050
传 真：024-23284521
E-mail：book_light@sina.com
腾讯微博：http://t.qq.com/wjcbgs
网 址：http://www.chinavpc.com

常年法律顾问：李福
如有质量问题，请与印务部联系。联系电话：024-23284452